COURS

MÉTHODIQUE

DE DESSIN LINÉAIRE

ET

DE GÉOMÉTRIE USUELLE

Deuxième Partie

COURS SUPÉRIEUR

AVIS DE L'ÉDITEUR.

Tout exemplaire non revêtu de ma griffe sera réputé contrefait.

Le Cours méthodique de Dessin linéaire et de Géométrie usuelle, par M. Lamotte, se compose de deux Parties, qui se vendent séparément.

Première Partie : Cours élémentaire, composé d'un Atlas de 19 planches demi-jésus et d'un volume in-8° de texte; 7e édition. Prix, broché. 6 fr.

Seconde Partie : Cours supérieur, composé d'un Atlas de 15 planches demi-jésus et d'un volume in-8° de texte. Prix, broché. 6 fr.

Paris. — Imprimerie Panckoucke,
Rue des Poitevins, 14.

COURS
MÉTHODIQUE
DE DESSIN LINÉAIRE
ET
DE GÉOMÉTRIE USUELLE

APPLICABLE A TOUS LES MODES D'ENSEIGNEMENT

- PAR M. LAMOTTE
Inspecteur spécial de l'Instruction primaire du département de la Seine
Chevalier de la Légion d'honneur

Deuxième Partie

COURS SUPERIEUR

PARIS
CHEZ L. HACHETTE
LIBRAIRE DE L'UNIVERSITÉ ROYALE DE FRANCE
Rue Pierre-Sarrazin, 12

1843

PRÉFACE.

C'est en 1830 que fut publiée la première édition du *Cours méthodique de Dessin linéaire*. Cette branche d'enseignement, cultivée dans les écoles communales de la ville de Paris, était à peine connue de nom dans les départements.

Depuis cette époque, l'enseignement du dessin linéaire a pris un très-grand développement. On a vu de quelle importance cette étude, basée sur la géométrie, devait être pour des enfants destinés aux professions industrielles et aux arts mécaniques.

La loi du 28 juin 1833 consacra la nécessité du dessin linéaire pour l'enseignement primaire supérieur, mais n'en rendit point l'étude obligatoire pour les écoles élémentaires. Le rapporteur crut devoir expliquer à la tribune de la Chambre des Députés (séance du 29 avril 1833) le motif de cette restriction.

« Le dessin linéaire est enseigné dans un grand nombre d'écoles, même de village. La loi, en ne le rendant obligatoire que pour les écoles primaires supérieures, n'a pas voulu restreindre un enseignement si utile; elle a voulu seulement rendre les fonctions d'instituteur accessibles à un plus grand nombre de candidats, en n'exigeant pour les écoles élémentaires qu'un programme facile, et qui cependant contînt tout ce qu'un homme ne peut ignorer. »

Cette intention du législateur fut confirmée par une

décision du Conseil royal de l'Instruction publique du 19 novembre 1833.

« Considérant que la loi du 28 février 1833 a distingué l'instruction primaire en deux degrés, l'un élémentaire et l'autre supérieur, mais qu'elle a permis, pour l'un comme pour l'autre de ces degrés, d'ajouter les développements qui seraient jugés convenables suivant le besoin et les ressources des localités, *et que le dessin linéaire est un des plus utiles développements qu'on puisse donner à l'instruction primaire*, le Conseil royal décide, etc. »

Plus tard, le statut du 25 avril 1834 plaça le dessin linéaire parmi les objets qui peuvent être enseignés le plus utilement dans les écoles primaires élémentaires.

Ces divers encouragements, accordés par l'Université au dessin linéaire, ont puissamment contribué à le propager dans les écoles, et à en faire apprécier l'utilité et l'importance par les comités supérieurs et locaux.

Dans les diverses éditions que j'ai publiées du *Cours méthodique*, j'ai suivi le mouvement général des esprits, et j'ai donné quelques développements nouveaux à l'étude de l'ornement. Cependant, et malgré ces additions successives, je comprenais parfaitement que mon ouvrage était insuffisant dans les écoles supérieures et dans les écoles normales.

Après avoir reculé longtemps devant un travail long et difficile, je me suis enfin décidé à ajouter une seconde partie à mon *Cours méthodique*, qui forme maintenant un traité complet de dessin linéaire.

Un mot sur le plan que j'ai suivi dans cette seconde Partie.

Je suppose que les élèves ont déjà copié avec intelligence la première Partie du *Cours méthodique*.

Au lieu de guider les élèves pour chaque coup de crayon comme j'ai dû le faire dans le *Cours élémentaire*, je leur fournis, dans le *Cours supérieur,* des détails sur les sujets de leurs dessins, sur leur emploi dans les arts; je leur explique les termes techniques qu'ils doivent comprendre, et dont la connaissance leur sera très-utile s'ils entrent chez un architecte, chez un ingénieur, chez un mécanicien, chez un peintre décorateur, chez un manufacturier, etc., etc.

La classification que j'ai adoptée m'a paru propre à développer le goût et l'intelligence des élèves. J'offre d'abord des sujets tirés des monuments antiques, ensuite des sujets tirés du moyen âge et de la renaissance, et enfin des sujets modernes. Ce rapprochement d'époques différentes fera naître des réflexions utiles sur les modifications que peuvent subir les beautés conventionnelles des objets d'art.

Les quinze planches de l'Atlas sont distribuées dans l'ordre suivant :

Trois planches sont consacrées à l'*Ornement.*

Trois planches sont destinées à l'*Ameublement.*

Trois planches représentent des *Vases.* Mais comme il n'y a pas de vases modernes, nous y avons suppléé par des bronzes riches modernes. Il nous aurait été facile de former une planche de vases chinois et japonais, très à la mode aujourd'hui; mais leur forme n'est pas assez pure pour servir de modèle à des jeunes gens dans l'esprit desquels il faut, avant tout, développer le goût du beau.

Trois planches renferment les principes d'*Architecture.*

Trois planches contiennent des *Machines.*

Cette variété de sujets nous a paru indispensable, et c'est après de mûres réflexions que nous avons adopté cette distribution de l'ouvrage, qui fournira des études utiles pour les professions industrielles les plus répandues.

La *décoration* des bâtiments, qui comprend l'*ornement* et l'*ameublement*, se rattache trop étroitement à l'*architecture* pour que nous ayons cru pouvoir nous dispenser d'en parler.

Tel était le plan de cet ouvrage, qui ne devait contenir que douze planches ; nous avons cédé à de bienveillants conseils, en ajoutant quelques dessins de mécanique. La copie de ces épures sera surtout nécessaire aux jeunes gens qui se destinent aux écoles spéciales, ou qui voudront travailler chez des mécaniciens et des ingénieurs.

Les amis de l'instruction nous sauront gré d'avoir éclairci l'étude de l'ornementation, jusqu'ici fort peu connue. La technologie même de l'ornement était à régulariser, tant elle était corrompue par le mélange de mots dénaturés dans les ateliers, mais sans valeur artistique. Nous avons dû faire des recherches de toute nature, et consulter successivement des architectes, des artistes et des modeleurs pour retrouver la chaîne des idées et remonter à la source des dénominations les plus usuelles.

Un petit Dictionnaire de termes techniques, placé à la fin du volume, aidera la mémoire des élèves à retenir des mots avec lesquels ils doivent se familiariser.

Quant aux dessins, ils ont été puisés aux meilleures sources ; les ouvrages les plus estimés ont été consultés avec soin. Voulant conserver aux traits une grande finesse, nous avons fait exécuter la gravure sur des planches d'acier.

En un mot, nous n'avons rien négligé pour rendre digne de l'approbation publique la seconde Partie de notre *Cours méthodique de Dessin linéaire*, dont la première est arrivée aujourd'hui à la huitième édition.

COURS SUPÉRIEUR

DE

DESSIN LINÉAIRE.

ORNEMENT.

DE L'ORNEMENT EN GÉNÉRAL.

1. — On appelle ORNEMENT tout objet accessoire propre à ajouter de l'agrément à un ouvrage.

Dans l'architecture, les feuilles de différentes espèces, les fleurs *ornent* les moulures; les couronnes, les fleurons, les rosaces, les palmettes, les cartouches, les enroulements, les trépieds, les têtes de victimes *ornent* les colonnes, les frises, les frontons et les piédestaux.

Dans la peinture, les vases, les meubles de forme gracieuse, les draperies, les guirlandes *ornent* les tableaux.

Dans la confection des meubles et dans l'orfévrerie, on emploie des *figures d'ornement* empruntées soit aux ornements d'architecture, soit aux ornements de peinture appelés souvent *accessoires*. Ainsi, des têtes de lions, de béliers ou de griffons ornent les bras des fauteuils de cabinet; des oves, des ovicules, des fleurs, des perles, des rinceaux, des enroulements, des coquilles, des feuilles ornent les lits, les commodes, les armoires à glace, les bibliothèques, les étagères construits en acajou, en érable, en ébène, en palissandre; des boutons, des pommes de pin, des lis, des rinceaux, des feuilles, des enroulements ornent les soupières d'argent, les vases d'argent et les autres pièces importantes que fabriquent les orfévres.

2. — On voit donc combien l'ornement est étendu, et combien il exige de goût, d'adresse et d'intelligence de la part de ceux qui s'en servent.

Nous établirons immédiatement une distinction entre l'*ornement* et le *décor* que l'on confond trop souvent.

Le *décor* se dit des peintures et sculptures qui font partie de la décoration intérieure des appartements. Au décor se rattache une idée de fragilité : le décor comprend les peintures éphémères que l'on emploie dans les fêtes et les cérémonies publiques.

La *décoration* ou l'ensemble des ornements d'un édifice ou d'un appartement, est un art fort compliqué qui comprend les papiers de tenture, les rideaux, les pendentifs, etc., etc.

Les papiers de tenture empruntent à l'ornement les grecques, les enroulements, les agrafes, les rinceaux de toutes les formes, les arabesques, les cartouches, les palmettes, etc., etc.

La menuiserie, la serrurerie fine, la marbrerie, la vitrerie, vont chercher dans l'ornement les moyens de donner de l'agrément à leurs productions, et de rompre l'uniformité des frises ou des grandes surfaces.

3. — C'est à cause des applications si nombreuses et si utiles de l'ornement, que nous avons commencé notre ouvrage par des modèles d'ornement tirés de l'antique, du moyen âge, de la renaissance et du temps actuel.

Fixons d'abord les idées sur ce qu'on doit entendre par ces mots : *antique*, *gothique*, *renaissance*, *moderne*.

4. — On appelle *antique* ce qui appartient aux temps anciens, mais dans les arts le mot *antique* s'applique aux ouvrages des artistes de la *Grèce*, et de l'*Italie* jusqu'au temps

de l'invasion des barbares vers le VIIe siècle. Ainsi, dessiner l'antique, c'est dessiner les statues, les vases, les bas-reliefs, les pierres gravées et les médailles de la Grèce et de l'Italie, avant le VIIe siècle. Comme cette époque présente aux véritables gens de goût des modèles parfaits à cause de la pureté des contours, de la simplicité, de la noblesse et de l'élégance, on doit recommander aux dessinateurs de dessiner d'après l'antique.

On nomme *antiquités*, sous le point de vue artistique, les ruines d'édifices, les inscriptions, les meubles, les ustensiles et les restes de civilisation d'une nation quelconque très-ancienne : les antiquités égyptiennes, chinoises, carthaginoises, gauloises, grecques et romaines sont très-utiles à consulter.

5. — L'architecture *gothique ancienne* est lourde, massive et grossière; les colonnes étaient trapues, sans caractère ni forme arrêtée. C'est ce qu'on appelle le *gothique ancien*.

Le *gothique moderne* est un mélange de la lourde architecture gothique avec l'architecture romaine qui avait déjà elle-même absorbé l'architecture grecque et les autres architectures égyptienne, moresque, byzantine. Le gothique n'a point un cachet unique, il a varié selon les nations où il a été adopté. Ainsi, le gothique espagnol a beaucoup emprunté à la nation moresque; le gothique italien n'est qu'une modification de l'architecture grecque et romaine; le gothique français doit beaucoup aux souvenirs rapportés des croisades. Les dômes nous viennent de l'Orient, ainsi que l'ogive si multipliée dans nos constructions gothiques.

Les XIIe et XIIIe siècles ont produit des architectes admirables qui ont enrichi la France de magnifiques cathédrales.

6. — *Renaissance*. On appelle *style de la renaissance*, ou simplement *renaissance*, cette fusion de notre genre gothique avec les plus beaux modèles de l'architecture grecque et les plus délicates comme les plus élégantes formes de l'architec-

ture moresque. Ce genre, qui avait été à peu près oublié dans le XVIIIe siècle, a repris une faveur extrême dans le XIXe.

Les arts, ensevelis si longtemps pendant tant de siècles, semblèrent se réveiller et *renaître* tout à coup sous le règne de Laurent le Magnifique, de Jean de Médicis, de Léon X, de Cosme de Médicis et de François Ier. Les châteaux de Fontainebleau, de Saint-Germain et de Chambord, furent embellis par la main des Léonard de Vinci, maître Roux, Benvenuto Cellini, le Primatice et Jean Goujon; tandis que l'Italie voyait les chefs-d'œuvre de l'architecture, de la sculpture et de la peinture, couvrir son sol fortuné et lui conquérir ce renom artistique qu'elle a conservé jusqu'à nos jours.

7. — On appelle *style moderne,* un genre d'architecture, de sculpture ou de peinture, exécuté depuis peu d'années par opposition avec le genre antique, ou avec les genres gothique et renaissance. L'école moderne est l'école actuelle, celle qui a donné à notre pays ses constructions modernes de palais et de maisons, ses sculptures et ses peintures nouvelles.

Sous Napoléon, le goût de l'antique avait repris faveur. Les formes sévères des meubles et de l'ornement avaient remplacé le clinquant et le papillotage de ce genre nommé *style Pompadour* ou *Louis XV.*

Depuis quelques années, on revient au style de la renaissance et à une ornementation plus riche dans ses détails, plus capricieuse dans ses formes, plus légère et plus souple dans son exécution.

8. — Si l'on nous demandait notre opinion particulière sur les différents genres dont nous venons de parler, nous répondrions que tout dépend du but que l'on se propose; que tous les genres sont bons lorsqu'ils sont employés avec convenance, et que l'habileté consiste à en faire un emploi judicieux.

La mode exerce ses caprices dans l'ornement, la sculpture et l'architecture, comme dans les habillements; l'œil s'accoutume insensiblement à ce qui d'abord avait paru étrange. Cependant nous n'allons pas jusqu'à nier l'existence du *beau* dans les arts. Le beau excitera toujours l'admiration des vrais connaisseurs; mais nous voulons constater que le *beau* peut se prêter à des formes très-variées, selon les temps et les lieux.

Des dessins chinois peuvent plaire par leur grotesque, leur extravagance; mais ils ne passeront jamais pour le *beau*. Ils resteront toujours des *chinoiseries*.

Dans la première Partie du *Cours méthodique*, nous nous sommes attaché à n'offrir que des modèles tirés de l'antique, parce que les contours en sont simples et sévères, et par conséquent plus faciles à saisir. Mais, une fois que les yeux et la main sont exercés suffisamment, nous croyons qu'il y a un grand avantage à dessiner des sujets tirés soit de la renaissance, soit du moderne. La variété et la hardiesse des contours fourniront des moyens nouveaux d'exercer la main, en même temps qu'elles habitueront l'esprit à apprécier des rapports inconnus et à suivre l'imagination des artistes dans leurs capricieux écarts. Nous n'avons admis dans cet ouvrage que les dessins des meilleurs maîtres et après un examen sévère, car il est important de ne présenter aux jeunes élèves que des modèles irréprochables surtout à une époque de la vie où les premières impressions laissent des traces si profondes et si durables.

CHAPITRE I.

ORNEMENTS TIRÉS DE L'ANTIQUE. 9

9. — *Dessiner une frise ornée*, fig. 1. Cette portion de frise suffit pour en donner une idée exacte; les élèves pourront la copier et lui donner trois ou quatre fois plus de longueur. En la comparant avec la fig. 84 du *Cours méthodique de dessin linéaire*, on verra que c'est une variété du même sujet. Ce-

pendant la fig. 1re a ses arceaux moins larges et plus élancés, les feuilles de trèfle ne sont pas une imitation de la palmette, comme dans la fig. 84; les arceaux se touchent, tandis que sur l'autre figure ils étaient séparés par des fleurons. Dans la plate-bande au-dessous se trouve une rangée de perles rondes.

Cette comparaison des deux figures peut servir à constater les ressources de l'ornement, et à montrer combien il est facile, avec quelques modifications, de changer le caractère d'un ornement selon la destination qu'on se propose de lui donner.

On sait que la *frise* est une des trois parties de l'entablement dans les ordres d'architecture. Comme elle forme une plate-bande, on la décore dans toute sa longueur d'ornements courants ou lignes de poste, avec rinceaux et enroulements, ou bien on l'enrichit de figures dansantes ou de marches triomphales.

10. — *Dessiner la frise* fig. 2. Cette frise est d'un goût tout différent. Elle est plus riche que la précédente, mais un peu chargée d'ornements. Elle produira un bien meilleur effet lorsqu'elle sera copiée dans une dimension quatre fois plus grande. Les demi-rosaces, les feuilles refendues, les perles allongées et séparées par des ovicules en travers, produisent un ensemble agréable.

Nous n'avons aucune recommandation particulière à faire aux élèves sur le dessin de ces deux frises, qui sont régulières et pour lesquelles il suffit de tracer des verticales indiquant le milieu des feuilles et des rosaces.

C'est par analogie qu'on appelle *frise* des plates-bandes qui servent à décorer les monuments, les maisons, les meubles, les socles de vases, de lampes, les chambranles de portes ou de cheminées, les balcons, les bordures des papiers peints, etc., etc.

11. — *Dessiner le fleuron* fig. 3. Ce fleuron est composé de feuilles; il est tiré d'une frise antique.

Le *fleuron* est un ornement qui procède de la fleur, et qui surmonte le bandeau d'une couronne; c'est ainsi que dans le style figuré, on dit : *Il a perdu le plus beau fleuron de sa couronne*. L'architecture fait entrer le fleuron dans les encadrements, dans les frises; le fleuron diffère essentiellement du rinceau, en ce qu'il est détaché et supporté ordinairement par un culot.

Le *culot* est un ornement tiré du chapiteau corinthien; il sert de support aux rinceaux, aux palmettes et aux fleurons.

Les *feuilles* sont très-employées dans l'ornement : celle qui est le plus en usage est la feuille d'acanthe et la feuille d'acanthe modifiée. En architecture, les rinceaux de toute espèce appartiennent à l'appellation générale de feuilles.

Le *rinceau*, autrefois *rainceau*, vient de *rameau*; c'est une branche avec ses feuilles ou un ornement dont la forme appartient aux feuilles refendues telles que l'acanthe, le persil et la feuille de vigne. Le rinceau prend naissance d'un culot, s'élargit, se resserre, s'allonge, se roule en volute et donne naissance à d'autres rinceaux, ou à des tiges chargées de fruits et de graines.

Sur les feuilles, on distingue souvent des lignes; ces lignes sont les *nervures*. Les nervures sont *rameuses* et forment une espèce de réseau. Dans les feuilles de vigne, les nervures sont *palmées*, c'est-à-dire que la base émet un certain nombre de nervures principales qui divergent comme les doigts de la main, lorsqu'elle est ouverte. Dans la feuille du tilleul et dans les feuilles analogues, on voit au milieu une nervure principale appelée côte, qui émet de droite et de gauche des nervures secondaires disposées à peu près comme les barbes d'une plume; voilà pourquoi ces feuilles sont dites à *nervures pennées*.

Lorsque la feuille ne présente aucune découpure sur ses bords, elle est *entière*; si le contour est séparé par de petits intervalles ou dents, elle est *dentée*. Si les dents ou intervalles vides atteignent la base ou la côte moyenne, la feuille est *lobée*.

L'ornement emprunte à la botanique quelques termes tels que *calice*, c'est l'ensemble des sépales libres ou soudés par leurs bords; *corolle*, c'est l'ensemble des pétales libres ou soudés entre eux; *pistil*, *étamine*, organes sexuels des fleurs; *réceptacle*, partie de la fleur servant de base aux parties intérieures de la fleur.

Les fleurs sont *en épi*, lorsqu'elles naissent le long d'un axe central; elles sont *en grappes* comme dans l'hortensia; elles sont en *thyrse* comme dans la fleur du lilas.

La fig. 3 est composée de deux parties; la partie supérieure contient quatre feuilles refendues d'acanthe et au milieu une feuille de vigne qui, étant également refendue, se marie très-bien aux autres; la partie inférieure, servant de culot, est formée de trois feuilles d'acanthe retombantes et de deux rinceaux.

Cette figure est *symétrique*, c'est-à-dire qu'au moyen d'une verticale, elle serait divisée en deux parties qui se recouvriraient exactement.

12. — *Dessiner un milieu de frise*, fig. 4. Ce motif de frise d'une grande richesse, est tiré du palais Mattéus à Rome. Il donne une idée de la perfection où était parvenu l'ornement dans l'antiquité. On voit dans ce milieu de frise une ampleur et une simplicité élégante qui en font le mérite : il n'y a que très-peu de vide, et cependant il n'y a pas confusion, parce que les rinceaux du bas tournent bien et accompagnent les deux cornes d'abondance sans leur nuire.

Cette figure est composée de deux moitiés symétriques : on y voit au milieu un fleuron formé de sept feuilles d'acanthe, qui entourent une sorte de corolle ouverte longitudinalement et contenant quatre graines allongées.

Le culot qui soutient le fleuron consiste en deux petites feuilles retenues avec les deux bras des cornes d'abondance dans un *bracelet à cannelures*.

Les cornes d'abondance, entourées de feuilles d'acanthe, sont également à cannelures surmontées d'une petite frise à perles rondes, au-dessus de laquelle on voit des fruits, des raisins et des feuilles. Au-dessous du bracelet ou agrafe, les extrémités des cornes d'abondance s'enroulent en volutes, d'où sortent des rinceaux très-gracieux de feuilles d'acanthe et de lière.

On appelle *cannelures* ou *canaux* de petites cavités que l'on taille du haut en bas du fût d'une colonne ou de la face d'un pilastre, ou de l'extérieur d'autres objets. Lorsque les cannelures ne sont pas séparées, on les nomme *cannelures à vive arête;* si elles sont séparées par un listel, on les appelle *cannelures à côtes* ou *striures*. Lorsque les cannelures ne sont pas partout de la même largeur, et qu'elles vont en diminuant par le bas, comme dans la fig. 4, on les nomme *cannelures de consoles*.

Dans la figure, les cannelures du bracelet sont des cannelures *à côtes;* celles des cornes d'abondance sont des cannelures *de consoles*.

La *console* est un ornement qui figure assez bien un *S* renversé; elle est terminée par deux enroulements en sens contraire.

La fig. 4 exercera utilement les élèves; nous les engageons à soigner beaucoup les détails et à donner aux courbes une forme gracieuse et souple.

La console sert à soutenir une corniche, une tablette d'appui, le piédouche d'un buste ou d'un vase.

Le *piédouche* est une base ou un piédestal de forme fantasque, sur lequel on place un vase, une statue ou un buste.

13. — *Dessiner une tête de griffon*, fig. 5. Le *griffon* est, comme on le sait, un animal fabuleux appartenant à la mythologie grecque : on le représente avec une tête d'aigle, des oreilles de cheval, une barbe de lion, etc. La tête que nous offrons aux élèves est tirée de l'antique, elle a un beau caractère; les oreilles courtes et dressées, l'œil ardent surmonté

d'un sourcil froncé, et son puissant bec ouvert, le griffon nous apparaît comme un animal redoutable.

On appelle *caractère* en dessin le mode distinctif de chaque tête. Ainsi, le caractère de la figure de l'Apollon dit du Belvédère, est d'une grande pureté dans le contour : une noblesse divine dans les yeux, le nez et la bouche ; les narines dilatées annoncent l'orgueil de la victoire que le dieu vient de remporter sur le serpent Python. On dit que cette tête est d'un grand caractère, parce que cette joie du triomphe est calme et telle qu'elle convient à un dieu, on ne l'aperçoit que dans la dilatation des narines et dans un mouvement de la bouche.

Mais diminuez un peu la hauteur du front et la longueur du nez, arrondissez-en les contours, la figure d'Apollon disparaîtra ; il ne restera plus qu'une figure triviale et commune, et par conséquent *sans caractère*.

Il en est de même des animaux, de l'ornement, des plantes, des feuilles ; partout doit se rencontrer un caractère particulier. Si tous ces objets sont observés avec intelligence, disposés avec convenance et représentés fidèlement, on dira que ces animaux, ces ornements, ces plantes, ces feuilles sont d'un *beau caractère*.

En général, on appelle *beau caractère de dessin*, des contours fermes, hardis, arrêtés, qui expriment d'une manière saisissante la pensée de l'auteur, mais qui excluent l'afféterie, la manière, la prétention.

Un monument peut avoir un beau caractère, lorsque toutes ses parties sont dans une belle proportion, et que la vue de l'ensemble produit sur l'âme du spectateur l'effet que l'architecte s'est proposé. Ainsi, certaines cathédrales inspirent à la simple vue des sentiments religieux : la grandeur et l'élévation du chœur, de la nef, l'étendue des bas côtés, le jour affaibli et mystérieux que laissent pénétrer les magnifiques vitraux de couleur, les rosaces immenses aux mille compartiments, tout cela remplit l'âme d'un trouble inconnu qui l'élève vers la pensée d'un Dieu immense, infini, invisible et tout-puissant. Les temples protestants de la Suisse, trop simples et trop modestes dans leur architecture, forment à cet égard un contraste frappant avec les merveilleuses églises de la Belgique, qui, par leur grandeur, leur majesté, leur grand style, leurs ornements magnifiques et de bon goût, rehaussées de peintures des grands maîtres de l'école flamande, offrent le type du grand et beau caractère des édifices religieux.

14. — *Dessiner la tête de cheval* fig. 6. Cette tête, tirée de l'antique, est d'un beau style : elle appartient à un animal libre de toute entrave et en pleine liberté.

Ses narines relevés, sa bouche ouverte, sont en harmonie avec l'œil, l'oreille et la crinière.

Les élèves auront soin de s'attacher à rendre ce caractère, le moindre faux trait changerait l'expression de l'ensemble. L'œil du cheval se rapproche plus de l'œil humain que l'œil du griffon plus ouvert et plus rond. Le sourcil n'a pas non plus la même forme.

Nous avons été très-sobre de têtes d'animaux dans le *Cours méthodique élémentaire;* ici, au contraire, nous avons multiplié les figures qui constituent la partie la plus difficile de l'ornement, mais qui offrent en même temps au dessinateur le moyen de faire preuve d'un véritable talent.

15. — *Dessiner la patte de lion* fig. 7. Cette patte de lion est ornementée pour servir de support à une console, à une table de milieu, à un siége, à un trépied, etc., etc. Comme emblème de force, elle est bien employée en support. Le haut de la cuisse est orné de feuilles, d'enroulements et d'une palmette que l'on aperçoit de profil.

Le lion, comme on sait, appartient à la famille des digitigrades à ongles rétractiles ; c'est ce qui fait qu'on dit une patte de lion comme on dit une patte de chien, de chat, de loup, d'ours, de lapin, de rat.

On s'attachera à bien rendre l'expression de force musculaire d'un dessin qui ne présente aucune difficulté.

16. — *Dessiner le pied de biche* fig. 8. Ce pied de biche a la même destination que le dessin précédent ; il sert de support à une console, à un trépied, etc. Seulement, comme il représente quelque chose de svelte, il faut l'appliquer à tous les ameublements auxquels on veut donner un caractère de légèreté.

On sait que la biche appartient à l'ordre des ruminants, qui ont tous le pied fourchu et terminé par deux sabots. On dit un pied de biche comme on dit un pied de cheval, de bœuf, de cerf, de chameau, d'élan, de mouton, de chèvre, et en général des animaux qui ont un sabot de corne.

La fig. 8 est ornée de rinceaux en feuilles d'acanthe, terminés en volute.

La *volute* est un enroulement en spirale que l'on suppose imité de l'écorce roulée du bouleau ; il appartient à l'ordre ionique, où il entre dans la composition du chapiteau. Le mot *volute* désigne tout enroulement, à quelque endroit qu'il se trouve placé.

Le dessin de cette figure ne demande que de l'attention pour rendre la légèreté et la souplesse du pied ; les ornements sont simples mais de bon goût.

17. — *Dessiner la chimère* fig. 9. La chimère est une création fabuleuse empruntée aux Égyptiens. C'est une figure de femme terminée par un corps de lion ; les épaules sont garnies de deux ailes.

Les mythologues confondent souvent dans leur description la chimère et le griffon.

Cette figure était un symbole sacré en Égypte. Chez nous, on s'en sert comme d'un ornement.

La tête, la chevelure et la poitrine appartiennent à la femme : l'expression des traits doit être agréable et calme, les ailes ont de l'ampleur.

Dans un livre de dessin, nous ne discuterons pas la valeur de ce symbole ; nous ne réfuterons pas non plus l'assertion avancée par plusieurs mythologues, que les ailes signifiaient la légèreté, et le corps de lion l'énergie de la volonté chez la femme.

Nous engageons les élèves, en copiant la fig. 9, à conserver la délicatesse du contour, qui fait le charme de ce dessin. Avant d'arrêter leur trait définitif, ils feront bien d'esquisser très-légèrement l'ensemble de la chimère, et, lorsque toutes les parties seront en proportion, ils reviendront avec un crayon très-fin sur le premier travail, que l'on aura fait disparaître presque entièrement avec de la gomme élastique ou caoutchouc si l'on se sert d'un crayon de mine, soit avec de la mie de pain si l'on fait usage d'un crayon de Conté.

18. — *Dessiner le mascaron* fig. 10. On appelle *mascaron*, en sculpture ou en architecture, un ornement en forme de masque, que l'on place à l'orifice des fontaines ou dans les arcades. Tantôt les mascarons appartiennent au style noble, tantôt ils appartiennent au style grotesque.

Les mascarons représentent les têtes de Gorgone, de Satyres, de Faunes, ou bien ils expriment le fou rire, la terreur, la colère et les autres passions humaines.

Les vieux châteaux de France sont décorés de mascarons très-curieux.

En peinture et en décors, on emploie plus communément le mot *masque;* cependant, quelquefois, on confond les deux termes masques et mascarons.

Le mascaron de la fig. 10 a un caractère tout à fait original; c'est une tête de lion se rapprochant à dessein de la figure de certains hommes. Deux cornes tournées en volute accompagnent très-bien la figure; le front est représenté par trois feuilles d'acanthe; sous la lèvre inférieure se trouve également une feuille à trois compartiments.

19. — *Dessiner le mascaron* fig. 11. Ce mascaron représente une tête de Satyre d'un beau caractère. La forme de ses sourcils, de sa bouche, de ses oreilles, indique parfaitement la malice que l'on prêtait aux satyres; la courbe de ses yeux, celle de sa bouche, et les deux cornes qui s'implantent

dans le front, ne laissent plus aucun doute sur cet être fantastique.

Les *Satyres*, dans la mythologie, étaient des divinités des bois, représentées avec des cornes et des oreilles de chèvre; la queue, les cuisses et les jambes appartenaient au même animal. Quelquefois on ne leur donne que les pieds de chèvre. On les suppose fils et descendants de Bacchus et d'une Naïade. Les Naïades étaient des Nymphes présidant aux fontaines.

Sous la dénomination générale de *Sylvains*, on comprenait les *Faunes*, les *Satyres*, les *Silènes* et les *Pans*, que l'on confond très-souvent.

Pour dessiner la fig. 11, il est nécessaire de tracer une verticale qui passera par le milieu du front, du nez, de la bouche et du menton; sur cette verticale, on tracera les courbes des yeux, du nez et de la bouche; ces lignes faciliteront beaucoup le dessin de la figure. On donnera un soin particulier à l'expression de la bouche et des yeux.

20. — *Dessiner le mascaron* fig. 12. Ce mascaron, d'une forme originale, est tiré du *Temple de Jupiter tonnant;* c'était une figure symbolique.

Une tête de lion, dont les traits se rapprochent de ceux de la nature humaine, une barbe en pointe appartenant au bouc, avec des oreilles et des cornes, et une chevelure symétriquement disposée, tel est le dessin de la fig. 12.

Des lignes légèrement tracées à l'avance peuvent seules assurer la fidélité de l'esquisse et les proportions de cette figure. Pour qu'on puisse observer les proportions, nous devons indiquer les mesures de la tête. La tête, considérée dans ses proportions, se divise en quatre parties égales : 1° du sommet de la tête à la naissance des cheveux; 2° de la naissance des cheveux à la racine du nez; 3° de la racine du nez à la base inférieure du nez; 4° de la base inférieure du nez à la partie inférieure du menton. Le corps humain, selon qu'il appartient à une nature plus forte ou plus svelte, contient sept têtes ou sept têtes et demie.

21. — *Dessiner la tête de victime ornée* fig. 13. Cette tête de victime appartient à l'ordre dorique, et se place dans la frise. La frise de l'ordre dorique est entrecoupée de *triglyphes* et de *métopes*.

Les triglyphes, dont nous parlerons au chapitre des ordres d'architecture, représentaient l'extrémité des solives dans l'architecture primitive.

La métope était l'ouverture carrée que laissaient entre elles les solives du plancher; on suspendait dans ces ouvertures, où régnait un vif courant d'air, les têtes des victimes que l'on avait immolées aux dieux : telle est l'origine des squelettes de têtes de génisses qui ornent souvent les métopes, et qui produisent un excellent effet.

La fig. 13 représente un squelette de tête de génisse; sur le front est placé une couronne de laurier, retenue par un nœud de rubans dont les bouts s'étendent jusqu'à l'extrémité des cornes, auxquelles sont attachées des bandelettes d'étoffes qui retombent de chaque côté de la tête, et lui donnent une forme carrée au lieu de la forme trop pointue qu'elle aurait sans cette précaution.

CHAPITRE II.

ORNEMENTS TIRÉS DE LA RENAISSANCE.

22. — Les ornements que nous allons offrir aux élèves dans ce chapitre s'éloignent de la sévérité et de la simplicité du style antique; mais, d'un autre côté, ils se font remarquer par la variété des détails, par des formes capricieuses et multipliées à l'infini, enfin par une légèreté et une grâce particulières aux arabesques.

On nomme *arabesques* des ornements employés dans l'architecture moresque ou arabe. Les arabesques se composent de rinceaux, de palmes, de fruits, de fleurs, de mascarons, de figures d'hommes ou d'animaux, réels ou imaginaires, de rubans, de draperies, de coquilles, de coraux et d'un assemblage fantasque d'objets bizarres, qui, enlacés ou groupés avec art, forment un ensemble séduisant.

Les fouilles de Rome, de Pompéies et d'Herculanum, nous ont fourni des modèles charmants, qui prouvent que le genre d'architecture arabe appartient aux Romains, et a pris très-improprement le nom d'*arabesques*, puisqu'il n'est pas dû aux Arabes.

23. — *Dessiner la console* fig. 14. On appelle *console*, en architecture, un ornement en saillie servant de support à une corniche, à un balcon et, par extension, à un vase, à une statue.

Le *cul-de-lampe*, en architecture, est une espèce d'encorbellement en forme de pyramide renversée qui ne monte pas de fond, c'est-à-dire qui ne repose pas sur le sol, et qui sert, comme la console, à supporter un vase, une statue, un candélabre, une pendule. Le nom de cul-de-lampe vient de la ressemblance de cet ornement avec un lampadaire suspendu.

On nomme *encorbellement*, en architecture, une construction en saillie qui ne monte pas de fond : telles sont les tourelles des anciens châteaux. Une galerie saillante, un balcon extérieur dans une maison, sont des encorbellements. Aujourd'hui, dans les nouvelles constructions de maisons à Paris, on voit beaucoup de *balcons en encorbellement*.

Le cul-de-lampe de la fig. 14 est en style de la renaissance; il est fort riche de détails. La partie supérieure, bordée d'oves et terminée aux extrémités par deux autres petits culs-de-lampe ou *clochetons*, sert de tablette. Cette tablette est supportée par deux figures hideuses à corps et à ailes de griffon et à queue de serpent; au-dessous se trouve l'extrémité inférieure du cul-de-lampe, composée de filets, d'une doucine, d'un quart de rond saillant orné d'oves et d'une moulure saillante ornée de pierres précieuses de couleur.

Ce cul-de-lampe peut être exécuté en bronze doré, et il produirait un effet charmant.

24. — *Dessiner le cul-de-lampe* fig. 15. Ce cul-de-lampe, en style du siècle de Louis XIV, et formant console ou support, est orné d'un mascaron de femme. Les mascarons de femme du siècle de Louis XIV présentent des figures plus grasses et moins allongées que dans le style de la renaissance. Les cheveux tressés venant se rattacher en nattes sous le cou sont encore un des signes qui les font reconnaître. La tablette du haut, arrondie à ses extrémités, est comprise entre deux filets; au-dessous on voit deux enroulements ornés d'acanthe qui accompagnent le mascaron, dont les cheveux sont surmontés d'une espèce de couronne composée d'un fleuron et d'un culot; au-dessous du cou les cheveux viennent se réunir en tresse. Une coquille ornée de deux rinceaux d'acanthe sert de support à un fleuron renversé qui termine le cul-de-lampe.

Les deux fig. 14 et 15 gagneront beaucoup à être exécutées dans une proportion linéaire double. Nous disons *proportion linéaire* pour éviter toute équivoque avec les dimensions superficielles. Ainsi, par exemple, un cercle double d'un autre en dimensions superficielles, n'a pas les dimensions linéaires doubles.

25. — *Dessiner le caisson* fig. 16. On nomme *caisson*, en architecture, un renfoncement carré orné de moulures, dans lequel on place une rosace. On emploie surtout les caissons et les caisses dans les décorations d'appartements, de plafonds et de coupoles.

Le caisson de la fig. 16 est du style de la renaissance; il pourrait servir d'entrée de serrure à un riche coffre. Les angles, de forme carrée, sont percés pour qu'on puisse y placer des vis ou des clous; ils sont ornés chacun d'une feuille de trèfle. Dans la partie supérieure se trouve un cartouche, au milieu duquel est une ove ou figure ovale sur laquelle on peut graver une lettre initiale.

Cette figure n'est pas difficile à dessiner; la forme en est gracieuse.

26. — *Dessiner un caisson*, fig. 17. Ce caisson, en style de la renaissance, peut servir à inscrire une devise, comme le précédent; renversé, il formerait une entrée de serrure riche.

Les enroulements qui servent à soutenir le fleuron en coquille sont de bon goût. Le caisson est appelé *caisson à pans coupés*, parce que les angles droits sont coupés par des lignes.

27. — *Dessiner un cartouche*, fig. 18. On appelle *cartouche*, en sculpture et en gravure, un ornement servant de cadre ou de champ à une devise, à une inscription ou à une figure. Le mot cartouche dérive de carte; sa forme doit donc rappeler un livre, un papier roulé ou à demi déroulé. Les artistes ont orné les cartouches et leur ont donné les formes les plus variées, mais en leur conservant quelques enroulements qui en rappellent l'origine.

Le cartouche fig. 18 est d'un galbe charmant. On appelle *galbe* la courbe, le contour, la forme d'un objet; ce mot comporte une idée gracieuse, car on l'emploie toujours en bonne part : *Ce vase est d'un beau galbe; ce cartouche est d'un galbe élégant.* Le fleuron du haut s'appuie sur un enroulement orné de feuilles; deux *S* renversées offrent en dessus et en dessous de nouveaux enroulements qui caractérisent le cartouche, terminé en bas par des fruits en guirlande.

La figure du milieu est à draperie; sa coiffure est remarquable, les traits sont allongés, et tout porte l'empreinte du style de la renaissance.

Ce cartouche demande à être dessiné légèrement et avec un trait délié.

28. — *Dessiner le cartouche ou écusson* fig. 19. Un *écusson* est un ornement destiné, comme le caisson, à recevoir des

devises, des inscriptions; mais il est d'une forme différente et ressemble aux anciens écus ou boucliers. Les enroulements de cette figure permettent de la classer parmi les cartouches; mais la forme de son milieu la range aussi parmi les écussons.

On pourrait former avec cet écusson un très-joli miroir entouré d'un cadre doré; le style de cet ornement est du siècle de Louis XV.

Un fleuron en coquille est porté par des enroulements ornés de feuilles; deux autres coquilles renversées se trouvent sur les côtés, au milieu de rinceaux entre-croisés. Des feuilles d'acanthe ornent la partie inférieure.

29. — *Dessiner le cul-de-lampe* fig. 20. Ce cul-de-lampe renversé est de la fin du siècle de Louis XIV; il est emprunté à un manuscrit de cette époque.

D'un culot en feuilles d'acanthe s'échappent des lignes déliées formant fleuron et rinceaux. Le culot est supporté par deux enroulements en lignes légères ornementées de petites feuilles.

Ce modèle exercera utilement les élèves, et leur montrera tout le parti qu'on peut tirer de lignes adroitement disposées.

La fig. 20 peut être exécutée en incrustation de bois de couleur, ou en *damasquinure*, c'est-à-dire en incrustation de filets d'or.

30. — *Dessiner le cul-de-lampe* fig. 21. Cet ornement est de la fin du siècle de Louis XIV. Il est également tiré d'un manuscrit de l'époque; mais il peut, encore mieux que le précédent, être exécuté en damasquinure : il y produirait un très-bel effet.

La tête de femme est large comme dans la fig. 15; elle est coiffée de ses cheveux en touffes, et surmontée d'une toque à plumes; des draperies et des glands l'accompagnent en dessous. Des rinceaux ornés circulent dans tous les sens et se rattachent les uns aux autres; des perles faisant collier s'entremêlent aux rinceaux.

Deux corbeilles de fruits sont portées sur des bâtons ; au-dessous se trouvent des lambrequins. On nomme *lambrequins* des ornements qui, dans l'armure des chevaliers, pendaient du casque autour de l'écu ; c'est un terme de blason.

Nous recommandons aux élèves beaucoup de soin dans le dessin de cette figure, qui leur offrira de grandes difficultés, ainsi que la précédente, s'ils n'indiquent pas d'avance par des points les diverses parties de cet ensemble compliqué d'arabesques.

31. — ***Dessiner le support*** fig. 22. On appelle ***support***, en architecture, toute construction, toute partie de construction servant à supporter quelque chose. Les colonnes, les piliers, les consoles, sont des supports. Il est nécessaire que le support soit en juste proportion avec la chose supportée ; sans cette précaution, l'œil est blessé de cette discordance.

La fig. 22 représente un pied de meuble en style du siècle de Louis XIV ou un pilastre de grande cheminée. Ce pied est riche et de bon goût ; il est formé d'une tête de lion dont la gueule est entr'ouverte et dont la crinière est hérissée. Au-dessous de la tête est une console avec volutes en haut et en bas. Le milieu est à rosace et à cannelures. Une guirlande de roses se rattache à la volute supérieure ; la volute inférieure est garnie d'une feuille d'acanthe. La tête du lion et les fleurs forment contraste. On appelle ***contraste***, en peinture et en sculpture, le rapprochement de deux choses opposées, effet que l'on peut regarder comme un des principes du beau, et que l'on emploie avec profusion dans les ouvrages d'art. L'architecture repousse les contrastes et recherche la symétrie et l'harmonie.

32. — ***Dessiner un support***, fig. 23. Ce support peut servir de pied à un meuble très-riche ; il représente une cariatide portant sur sa tête une corbeille de fruits.

On nomme *cariatides* des figures employées en architecture pour remplacer les colonnes et les pilastres. Les cariatides étaient, chez les Grecs, des figures de femmes vêtues de la longue robe des femmes de Carie, dans le Péloponnèse. On sait que la ville de Carie s'étant déclarée pour les Perses, les femmes avaient été emmenées captives après la destruction de leur ville, et condamnées à conserver le vêtement de leur patrie. Pour perpétuer le souvenir de cette captivité, l'architecture employa des cariatides ou figures de femmes vêtues de robes longues et coiffées à la manière des Cariates.

Dans notre architecture, on emploie comme cariatides des figures d'hommes ou de femmes portant sur la tête des coussins ou des corbeilles; ces figures peuvent être indistinctement nues ou vêtues. On distingue la cariatide de l'*atlante* en ce que cette dernière figure soutient sur le cou ou les épaules, tandis que la cariatide porte toujours sur la tête.

La cariatide fig. 23 est une espèce de sylphide, dont le dos est muni de deux ailes de papillon; elle porte sur la tête une corbeille qu'elle soutient de la main gauche; le bas du corps se termine en gaîne ornée de feuilles d'acanthe.

La *gaîne* est la partie inférieure d'un terme; elle s'élève sur un dé en pierre, ou elle sort immédiatement de terre. Quelquefois, l'extrémité de la gaîne donne naissance à des bouts de pieds, comme on le voit dans des gaînes surmontées de figures et servant de support à des meubles rappelant la forme égyptienne.

Les *termes* sont des figures humaines appartenant le plus ordinairement à la mythologie, telles que des Amours, des Nymphes, des Pans, des Faunes, des Satyres, etc., etc.

Ce support élégant exige une main déjà exercée pour rendre avec exactitude des contours gracieux, mais que le moindre faux trait dénature et enlaidit.

Pour dessiner une figure, on tracera une verticale coupant l'œil de la cariatide; cette verticale servira de guide pour placer les différentes parties du corps. On terminera le bas du corps par des feuilles d'acanthe. Les mains et les bras demandent une attention toute particulière.

33. — *Dessiner une coupe ornée de fruits*, fig. 24. Cette

coupe est de style de la renaissance; elle est pleine de fruits, de raisins et de feuilles. Le corps de la coupe est orné d'enroulements légers et courants; au-dessous sont des godrons allongés. Les *godrons*, en terme de ciselure, sont des parties saillantes ressemblant à des oves très-allongées; ils ont pour objet apparent de consolider le fond d'un vase, mais ils sont employés comme pur ornement.

Le pied, orné de moulures, filets, doucines, est en spirale.

Au-dessous on voit un cartouche élégant se rattachant à deux enroulements terminés par des rinceaux de feuilles; aux volutes est suspendu un collier de perles.

Ce joli dessin peut être exécuté de bien des manières, soit en argent, soit en bronze et même en peinture, et partout il sera très-agréable.

34. — *Dessiner le rinceau* fig. 25. Ce rinceau, d'un galbe très-joli et d'une ornementation riche et de bon goût, est tiré d'un meuble du siècle de Louis XIV, dit *de Boule*. C'est une arabesque, mais une arabesque qui a le cachet du style Louis XIV, c'est-à-dire qui est d'un *faire* plus large et plus riche que les arabesques dans le style de la renaissance. On dit, en termes de peinture, *cet artiste a un faire facile, hardi, brillant; ce tableau est d'un faire précieux, soigné.*

Un oiseau est placé à la rencontre des deux rinceaux, qui viennent se réunir à un coude; le rinceau supérieur, orné de feuilles et de fleurs, se termine par une rosace, du milieu de laquelle s'échappe un autre rinceau d'un joli effet. Le rinceau inférieur se termine en hélice ornée de perles.

Ce dessin pourrait être doublé ou triplé de hauteur : les détails de l'ornement en ressortiraient mieux; ce serait d'ailleurs un exercice utile, car il habituerait à conserver les proportions d'un dessin tout en augmentant ses dimensions.

35. — *Dessiner le cartouche* fig. 26. Ce grand cartouche appartient, par son style, à la renaissance; il est double en épaisseur, et composé de deux pièces qui s'attachent l'une à l'autre, comme on le voit sur la fig. 26; son caractère est la

simplicité et la richesse. Il peut servir de pendule suspendue ou de simple cartouche pour recevoir une inscription.

Les enroulements cannelés sont d'une belle forme. Le fleuron supérieur retient deux rubans qui traversent les enroulements du haut.

La tête de femme ornée de cheveux se lie au reste du cartouche; des rubans, terminés par des glands, traversent et semblent consolider les deux pièces superposées.

Cette figure symétrique doit être étudiée avec soin pour être bien rendue.

36. — *Dessiner la bordure* fig. 27. Cette bordure est du style de la renaissance; elle peut se placer convenablement en décoration dans un *trumeau* ou dans une partie de mur comprise entre deux baies de porte ou de croisées.

On peut également l'exécuter pour meuble, en incrustation ou en marqueterie.

Ce dessin, exécuté en serrurerie, serait bien placé en balcon d'appui d'une maison richement décorée.

Les lignes ou plates-bandes dont se compose cet ornement, se rapprochent de la ligne droite et se marient avec grâce à des courbes de plusieurs espèces.

En dessinant cette figure, on pourra employer le *pistolet*, instrument qui donne promptement les portions de courbes qui se rencontrent dans un modèle.

37. — *Dessiner la bordure* fig. 28. Cette bordure en arabesque appartient au siècle Louis XIV; elle peut être placée dans un panneau de boudoir ou de salon décoré dans ce style ou même dans un trumeau.

Une petite cariatide en gaîne soutient un long panier rempli de fleurs et de fruits : un anneau entoure le panier et se rattache à deux enroulements. Sans cette précaution ingénieuse, l'œil ne serait pas satisfait de voir sur une petite tête un panier aussi long.

Deux profils grotesques sont placés au-dessus de la cariatide.

De riches enroulements ornés de fleurs et de feuilles, des rinceaux entre-croisés formant des courbes agréables; une guirlande de fleurs et de fruits, des fleurons et des culots, composent ce dessin, où se trouvent réunies presque toutes les ressources de l'ornement.

La fig. 28 gagnerait beaucoup à être doublée, quoique, dans la proportion où nous l'avons donnée, elle soit riche sans confusion.

On verra par expérience, en doublant les figures, combien certains dessins gagnent à être augmentés, tandis que d'autres perdent à ce changement. Il sera bon d'étudier la cause de cet effet, en apparence contradictoire.

CHAPITRE III.

ORNEMENTS MODERNES.

38. — Dans ce chapitre, nous n'avons donné que des ornements empruntés aux monuments modernes. La comparaison de ces ornements, avec ceux des deux planches précédentes qui sont tirés de l'antique et du moyen âge, ne peut être que très-profitable aux jeunes gens dont le goût commence à se développer.

Quoiqu'on ne puisse pas affirmer qu'il y ait un style d'ornement moderne, parce que les artistes actuels empruntent leurs motifs, soit à l'antique, soit à la renaissance, et souvent aux deux à la fois; cependant, on reconnaît assez facilement l'ornement moderne, moins désordonné que les arabesques, plus grave et plus sévère que le style Louis XV et Louis XVI, mais qui s'écarte cependant de la simplicité et la pureté de l'antique.

Dans le XIXe siècle, il faut reconnaître surtout un style particulier, dit *style de l'empire*, qui était un retour à l'antique, avec les goûts de l'époque. On peut lui reprocher principalement d'être guindé et sans grâce. C'est en voyant ensemble des ameublements ou des bronzes du XIXe siècle et des siècles précédents, que ce contraste est frappant; on reconnaît à l'instant le style de l'empire, dont le grand peintre David fut le provocateur plutôt que l'auteur.

Les courbes furent exilées et cédèrent la place à la ligne droite et à l'angle droit, dont le retour continuel répandait une triste monotonie sur tous les objets d'art.

Plusieurs années avant 1830, on commença à revenir au style de la renaissance, au style Louis XIV, Louis XV et Louis XVI; on fit un mélange des arabesques et des dessins du dernier siècle. Des formes nouvelles apparurent et trouvèrent d'abord une forte répulsion, surtout après les formes sévères et maniérées de l'empire; mais les yeux s'habituèrent insensiblement à ces combinaisons si légères et si gràcieuses de l'époque de la renaissance, et un notable changement se manifesta de tous côtés dans les constructions de maisons, dans les ornements d'intérieur, dans la fabrication des ameublements, des bronzes, des papiers peints : le style antique est admiré toujours par les artistes et les connaisseurs, mais sa forme est abandonnée de plus en plus. Les artistes et les ouvriers ont vu avec plaisir de nouvelles routes s'ouvrir devant eux : nous les encouragerions sans réserve, si nous ne craignions pas l'invasion du mauvais goût dans un temps où l'on ne veut pas faire d'études sérieuses, et où l'on est pressé d'arriver au but, en dépit de tous les obstacles.

Nous devons faire remarquer que l'enseignement du dessin linéaire, qui se propage de plus en plus, peut rendre un très-grand service à l'art du dessin, et préserver bien des ouvriers d'écarts funestes qui les rejeteraient dans l'afféterie, la prétention et la manière.

39. — *Dessiner l'ornement* fig. 29. Cet ornement est tiré du dôme de la chaire à prêcher de Saint-Thomas-d'Aquin, à Paris.

La partie inférieure de cet ornement est un culot composé d'une feuille d'acanthe renversée, d'où sortent deux rinceaux avec enroulements terminés par des rosaces. Une perle aplatie le réunit à un second culot semblable, mais plus petit et placé dans un ordre inverse; ce dernier culot soutient une palmette avec enroulements également terminés en rosaces.

Cet ornement est bien disposé; cependant on pourrait reprocher quelque monotonie à ces six rosaces échelonnées à droite et à gauche.

40. — *Dessiner un détail d'ornement tiré de la porte d'un des bas côtés de l'église de Saint-Étienne-du-Mont*, fig. 30. Cet ornement est curieux à étudier; le style en est large : c'est un fleuron en feuilles d'acanthe porté sur un culot composé des mêmes feuilles, et qui repose sur deux enroulements à volutes, avec rinceaux ornés d'acanthe.

Ce qu'on pourrait reprocher à ce fleuron, ce serait d'être un peu lourd; mais, d'un autre côté, il est d'une belle disposition et d'un caractère simple et noble.

41. — *Dessiner un détail d'ornement*, fig. 31. Cet ornement, composé de deux parties opposées et symétriques, a de l'ampleur; il appartient au Panthéon de Paris. Ce monument magnifique a pris le nom d'église Sainte-Geneviève. Cette sainte est la patronne de Paris. Dans les peintures du dôme de notre célèbre peintre Gros, sainte Geneviève bénit les différentes dynasties de nos rois.

Sur une baguette en torsade, placée entre deux filets, s'appuie un rais de cœur composé de feuilles pointues bordées, servant de culot à de belles feuilles d'acanthe qui montent droit ou qui s'inclinent sur les côtés en formant trois étages ou compartiments. Dans le compartiment supérieur, trois fleurs de la famille des œillets produisent une agréable variété au milieu des feuilles.

On sait que le *rais de cœur* est un ornement très-employé dans les frises en lignes courantes, et qui ressemble assez pour la forme à un cœur évidé.

Le second compartiment se compose de deux feuilles contournées, se rattachant à d'autres feuilles centrales.

Le compartiment inférieur est formé par deux rangs de feuilles d'acanthe superposées et d'un beau galbe : les feuilles des coins se contournent en volutes.

Le dessin de la fig. 31 est d'une belle dimension; on y étudiera la feuille d'acanthe, si multipliée dans les ornements, et qui, par le découpé de ses feuilles refendues, produit toujours un excellent résultat en sculpture, en peinture et en dessin.

Cet ornement peut être employé dans la serrurerie, dans les bordures des papiers peints et dans la décoration.

42. — *Dessiner l'ornement* fig. 32. Ce détail d'ornement a été pris dans une porte de l'église Sainte-Geneviève à Paris.

Le Panthéon ayant été décoré depuis peu d'années seulement, il était difficile de présenter un ornement plus moderne que celui de la fig. 32.

Il se compose d'un centre carré avec petite rosace d'où sortent quatre feuilles d'acanthe séparées par des fleurons en calices, dont deux sont remplis de graines. Cette partie carrée se relie à des enroulements opposés, terminés par des fleurs et ornés de feuilles, au moyen d'une rosace en losange. Les enroulements des extrémités de la figure servent de support à un fleuron en calice rempli de graines s'appuyant sur un culot en rais de cœur. Le fleuron et son culot ne tiennent pas aux enroulements, qui ne sont là que comme motif.

Ce dessin moderne se rapproche du style de la renaissance, par sa légèreté et son ampleur. L'artiste ne pouvait pas remplir un espace rectangulaire avec plus de goût et d'une manière plus simple.

43. — *Dessiner le groupe* fig. 33. Ce dessin est tiré du fronton des fenêtres du premier étage, dans la cour intérieure du Louvre.

Le *fronton* est l'ensemble de l'ornement adapté à la partie triangulaire du mur de pignon comprise dans l'angle formé par les deux côtés d'un toit. L'espace compris dans ce triangle s'appelle le *tympan du fronton*. C'est dans le tympan que se placent des ornements et des bas-reliefs.

Dans les monuments grecs, le sommet du fronton forme un angle de 150 degrés.

Chez les modernes, on trouve des frontons sur les portes et sur les croisées, ce qui est contraire aux véritables principes de l'architecture.

Le palais du Louvre, d'où nous avons tiré ce groupe, a des frontons aux portes et aux croisées; nous devons reconnaître qu'au milieu d'une architecture aussi riche et aussi ornementée, il eût été probablement difficile de mettre des croisées avec de simples caissons au-dessus : ce que nous supportons à peine dans un palais, nous semble ridicule dans une maison particulière, et cependant, aujourd'hui, on abuse des frontons pour la décoration des simples maisons de produit.

Dans l'église de la Madeleine, le fronton extérieur, qui est à sa véritable place, produit un effet grandiose et imposant, indépendamment même du bas-relief, qui fait tant d'honneur à M. Lemaire. Quel effet mesquin, au contraire, produisent les six petits frontons intérieurs, qui sont là sans motif, et qui blessent les yeux des hommes ayant le sentiment de l'architecture!

Le groupe de la fig. 33 se compose d'une figure de femme, dont la tête est couverte d'un diadème; c'est probablement un emblème de la royauté

Les deux molosses attachés, qui appuient leurs pattes sur les tresses de cheveux de la tête couronnée, nous semblent un autre emblème de la fidélité vigilante qui s'exerce sur la personne du souverain.

Ce groupe est simple et d'un beau caractère; les deux dogues ou molosses sont largement dessinés, sans affectation ni recherche.

Ce mot *large*, appliqué au dessin, comporte l'idée d'une ordonnance simple, exempte de détails trop multipliés, d'un travail facile, exécuté sans efforts ni recherche. Ainsi, dans ce sens, on dit : *c'est un faire large, c'est un crayon large, ce sont des touches larges.*

44. — *Dessiner la* fig. 34. Cette figure est le couronnement de l'attique de la cour intérieure du Louvre, en style de la renaissance.

Ce couronnement est léger et à jour; il produit en place un très-bon effet, parce qu'il est en harmonie avec le reste des ornements. Le motif principal est une tête de Satyre dont les deux cornes reposent sur la moulure, et entre lesquelles est placée une torche surmontée d'une flamme. Deux *S* renversées, terminées en volutes et ornées de rosaces avec anneaux à jour, soutiennent la tête et vont servir d'appui, par l'autre extrémité, à un croissant portant un fleuron de feuilles d'acanthe sur un culot riche.

On s'attachera à rendre l'expression de la tête du Satyre ; on conservera le mouvement de ses cornes en spirale, ainsi que la disposition de sa barbe et de sa chevelure. On soignera les ornements des volutes.

La fig. 34 gagnera beaucoup à être complétée ; il suffira d'ajouter à chaque extrémité de notre dessin la moitié de ce qui existe, mais dans l'ordre inverse, c'est-à-dire qu'à la partie droite de la fig. 34 on ajoutera la partie gauche jusqu'à la moitié de la tête du Satyre. On comprend, en effet, qu'en coupant notre dessin en deux, exactement à la moitié de la tête du Satyre, et en contrariant ces deux parties plusieurs fois de suite, on aurait cette attique aussi longue que l'on voudrait. Ce procédé bien simple est très-utile dans l'application, car il évite un travail considérable.

45. — *Dessiner le cintre* fig. 35. Cette figure représente l'ornement du cintre de la porte du Musée des Antiques, au Louvre.

Il se compose d'un aigle les ailes déployées au milieu d'une couronne de chêne d'où sortent deux longs rubans ondulés. De la partie inférieure de la couronne s'échappent deux branches de chêne à plusieurs rameaux, qui remplissent les intervalles vides du cintre.

Ce dessin, du style de l'Empire, est bien composé ; toutes les parties se tiennent, sans confusion et sans recherche.

Le bec crochu de l'aigle, la forme de sa tête, les serres, les ailes étendues, la couronne de chêne et les branches qui l'entourent, tout doit être copié fidèlement et dans le *sentiment* du dessinateur, si l'on veut conserver à ce cintre le caractère particulier qui le distingue.

Quelques faux traits suffiraient pour le dénaturer, comme il sera peut-être facile de s'en convaincre, si l'on ne réussit pas immédiatement.

Ce dessin gagnera à être copié dans des proportions linéaires doubles ; les détails en seront plus distincts et mieux accusés.

Le *sentiment*, pris en terme de peinture, est la perception intime des formes extérieures et de la beauté, traduite par une délicatesse de touche qui agit sur les spectateurs sans qu'ils puissent s'en rendre compte. C'est alors que l'on dit du dessinateur qu'*il a le sentiment de la beauté*, qu'*il dessine avec sentiment*, qu'*il met du sentiment dans les traits de son crayon*.

46. — Lorsqu'on copie un dessin, ou l'on désire le rendre tel qu'il est, ou l'on veut en changer les dimensions.

Nous renvoyons à notre *Cours méthodique de dessin linéaire*, partie élémentaire, pour le moyen de doubler les dimensions d'un dessin ; mais nous dirons un mot ici *de la copie par treillis*, procédé très-employé dans les arts pour changer les dimensions d'un dessin ou d'un tableau.

La copie par treillis consiste à diviser un dessin donné en un certain nombre de carrés, au moyen d'horizontales et de verticales ; on trace le même nombre de carrés plus grands ou plus petits sur une feuille de papier, et il ne s'agit plus que de copier exactement dans chacun des nouveaux carrés de la feuille de papier blanc ce que l'on trouve dans le carré correspondant du dessin.

Comme ce moyen d'exécution gâte les dessins, malgré les précautions que l'on peut prendre, on se sert de cadres en bois divisés par treillis, et sous lesquels on place le dessin à copier; on met sous sa feuille un transparent divisé également par treillis, et l'on évite ainsi l'inconvénient très-grave des lignes à tracer sur les modèles et même sur le papier blanc.

Si l'on a quelque habitude, on peut employer l'échelle de proportion ou le compas de proportion. (Consulter à ce sujet notre *Traité élémentaire d'Arpentage*, où nous avons traité à fond l'emploi de l'échelle de proportion dans la copie des plans.)

AMEUBLEMENT.

CHAPITRE IV.

MEUBLES TIRÉS DE L'ANTIQUE.

47. — Les MEUBLES, dans leur destination primitive, n'ont pu faire partie ni de l'architecture ni de l'ornement ; ils étaient simples et s'appliquaient uniquement à l'utilité domestique. A mesure que le luxe s'est développé avec la civilisation, les meubles ont reçu des formes variées et des ornements ayant pour objet de flatter les yeux ; enfin, ils sont devenus un accessoire indispensable de l'architecture, avec laquelle les artistes les ont mis dans un rapport harmonieux. C'est ainsi que les meubles antiques ont un style qui leur est particulier. En France, on distingue parfaitement les meubles appropriés à chaque époque d'architecture. Les formes si variées de la renaissance n'ont aucun rapport avec les formes roides et sèches de l'Empire.

On retrouve parmi les meubles antiques, dont nous allons d'abord nous occuper, ce caractère simple et élégant tout à la fois que nous avons déjà remarqué dans l'ornement antique.

48. — *Dessiner un brûle-parfum*, fig. 36. Ce trépied était destiné à brûler les parfums ; il ornait les temples des dieux et servait dans les sacrifices. Son usage dans les palais et les maisons riches était restreint à la décoration ; cependant on y brûlait quelquefois des parfums.

Le trépied fig. 36 se compose d'une cuvette de bronze portée sur quatre pieds terminés en volutes et décorés de palmettes. Le bord supérieur de la cuvette, placé entre deux filets, est un quart de rond couvert d'oves séparées par quatre feuilles renversées placées au-dessus de chacun des pieds. Une gorge unie joint le bord supérieur au corps de la cuvette, qui repose sur des pieds terminés dans le haut par de petites volutes ornées de feuilles. Des palmettes motivent l'appui de la cuvette sur ses pieds. Le corps de la cuvette est orné de godrons en relief qui en accusent la solidité.

49. — *Dessiner un brûle-parfum*, fig. 37. Ce brûle-parfum, d'un caractère beaucoup moins sévère que le précédent, est plus élégant et plus gracieux. Il est formé d'une cuvette sans renflement, ornée de feuilles d'eau et soutenue par une tige légère autour de laquelle s'enroule un serpent. Trois pieds de biche servent de support à ce brûle-parfum ; ces trois pieds, d'une forme svelte, sont disposés de manière à présenter une base très-solide.

On remarquera combien la tige seule paraîtrait grêle, tandis que l'enroulement du serpent lui donne de la consistance et de la solidité réelle, sans rien ôter à la légèreté apparente.

50. — *Dessiner le trophée* fig. 38. Ce trophée antique consiste en un groupe d'armes que l'on appendait à une colonne, à une pyramide ou à un pilier, dans les temples des dieux ou dans les maisons.

Le trophée de la fig. 38 est composé d'un casque orné de sept plumes retombantes; au-dessous est une cuirasse ornée d'une écharpe. Un bouclier échancré sert de base au trophée, qu'accompagnent six drapeaux à fer de lance.

Ce dessin, quoique simple, est d'un beau caractère; il faut le copier avec exactitude.

51. — *Dessiner le siége* fig. 39. Ce siége, tiré du Musée des Antiques, y est connu sous la dénomination de *siége de Cérès;* on suppose qu'il était employé dans le temple de Cérès à Rome, et qu'il servait dans les cérémonies religieuses.

Les deux montants du fauteuil sont figurés par deux torches surmontées de flammes. Ces deux torches, ornées de feuilles à la surface, rappellent les torches employées par Cérès à la recherche de sa fille Proserpine, enlevée par le dieu des enfers. Les torches figuraient d'ailleurs dans les cérémonies religieuses en l'honneur de Cérès.

Les deux bras du fauteuil sont motivés par les ailes étendues de deux Chimères qui soutiennent la tablette qui sert de siége. Ces deux figures sont d'un grand style.

Sur le dossier on a figuré deux serpents volants entrelacés.

Ce dessin, d'une exécution compliquée, exercera très-utilement les élèves, qui devront rendre avec soin et exactitude les figures et les corps des Chimères, ainsi que les courbes des bras du fauteuil.

52. — *Dessiner le siége* fig. 40. Ce siége est tiré des *bains de Titus;* le dossier est courbé et recouvert en partie d'une draperie qui retombe avec grâce sur les côtés et sur le devant. Les pieds sont en forme de balustres à deux renflements.

Les siéges, chez les anciens, étaient adhérents à un socle. Le *socle* est un solide ordinairement carré, sur lequel posent les piédestaux des statues, des vases, des colonnes, des pendules, etc., etc.

Ces meubles étaient moins portatifs que les nôtres, mais ils avaient plus de fixité et de solidité.

La fig. 40 n'est pas très-difficile; cependant elle exige du soin et de l'attention.

53. — *Dessiner le lit* fig. 41. Ce lit est tiré des décorations intérieures des bains de Titus, à Rome; le bois de lit est supporté par des pieds ornés de moulures et de feuilles. Les deux pieds qui correspondent à la tête du lit soutiennent deux *modillons*, destinés à retenir les oreillers.

Le *modillon* est une espèce de console qui orne et semble soutenir le dessus du larmier dans la corniche de l'ordre corinthien; on applique le modillon à l'ornement et aux meubles, en lui donnant diverses inclinaisons.

Au bas du lit se trouve un tabouret, servant à y monter.

54. — *Dessiner le lit* fig. 42. Ce lit est également tiré de la décoration intérieure des bains de Titus, à Rome.

Le bois du lit est entièrement caché par les draperies ; à côté se trouve une table à pieds de biche, couverte également d'une draperie, et sur laquelle on voit un petit vase à anse propre à mettre des essences : une amphore à deux anses est près du lit.

La chambre à coucher, indiquée par des pilastres d'ordre ionique, n'était séparée de la pièce voisine que par une draperie à gros plis, soutenue par de petites patères.

Il eût été facile d'orner les deux dessins 41 et 42, mais nous avons voulu leur conserver le caractère de simplicité antique qui les distingue.

CHAPITRE V.

MEUBLES TIRÉS DE LA RENAISSANCE.

55. — Nous allons retrouver dans les meubles de cette planche les ornements et les formes variées du style de la renaissance, avec ses lignes capricieuses et légères, qui forment un contraste très-prononcé avec la sévérité du genre antique.

56. — *Dessiner le tabouret* fig. 43. Ce tabouret, de forme gothique déjà modifiée par le style de la renaissance, est lourd dans son ensemble ; le siége est garni de clous dorés. Une traverse consolide le meuble en unissant les deux côtés ; elle se trouve décorée à l'extérieur par deux rosaces ; au-dessus de chaque rosace est un trèfle évidé ou à jour. Des volutes servent de motif aux pieds de ce tabouret, qui pouvait être placé ou dans les antichambres ou dans es vestibules.

Ce meuble pourrait fort bien être exécuté encore aujourd'hui, soit en bois ronceux, soit en bois de palissandre, avec un dessus en velours cramoisi ou violet.

57. — *Dessiner un autre tabouret*, fig. 44. Ce tabouret, siége garni d'un coussin pointu à ses extrémités, appartient au XIIe siècle.

Malgré la richesse de ce meuble, qui trouvait sa place dans les salles de réception et d'apparat, on doit remarquer combien il est lourd et massif.

Le coussin est posé sur un tapis qui pendait jusqu'à terre de chaque côté.

Les pieds de ce tabouret sont terminés en volutes.

Les bois sont ornés de cannelures, de perles et de rais de cœur.

58. — *Dessiner la gaîne en style de la renaissance*, fig. 45. Cette gaîne, fort enrichie d'ornements, est portée sur un dé. Elle appartient à une riche galerie, si elle est en marbre précieux; ou à un jardin, si elle est en pierre ou en marbre commun.

Un vase de fleurs, orné de moulures, repose sur la tablette de la gaîne, dont la partie inférieure est enrichie de filets et de cannelures de plusieurs espèces.

Quoique les gaînes de bon goût soient très-simples, cependant nous ne pouvons pas blâmer les ornements, tous bien agencés, de cette sorte de scabellon.

Sur la surface de la gaîne, on voit une seconde gaîne en saillie terminée par trois cannelures qui reposent sur une petite *tringle* ou moulure carrée à laquelle est suspendue une feuille renversée. Au-dessus des cannelures est placée une feuille refendue renversée qui se rattache à un encadrement au milieu duquel sont appendues quatre fleurs insérées l'une dans l'autre.

Voici le détail des moulures de la fig. 45 : 1° *filet*; 2° *lèvre du vase ou quart de rond orné d'oves*; 3° *filet*; 4° *courbe du vase*; 5° *filet*; 6° *orle*; 7° *quart de rond cannelé*; 8° *socle*; 9° *réglet*; 10° *baguette*; 11° *gorge cannelée à vive arête*;

12° *baguette;* 13° *filet;* 14° *cannelures;* 15° *filet;* 16° *baguette;* 17° *quart de rond renversé et cannelé;* 18° *filet;* 19° *cavet;* 20° *filet;* 21° *dé.*

59. — *Dessiner le ciel de lit* fig. 46. Ce ciel de lit en style de la renaissance, est orné de moulures à perles et à godrons; au milieu se trouve un cartouche destiné à recevoir des armoiries; au ciel de lit est attaché un baldaquin avec lambrequins au-dessous.

Ce dessin est exécuté aujourd'hui, dans les chambres à coucher, en style de l'époque de la renaissance.

Les ciels de lit et les baldaquins, qui avaient été complétement abandonnés, et remplacés par des draperies de mousseline et de soie jetées sur des bâtons dorés ou attachées à des tulipes ou à des couronnes, reprennent aujourd'hui faveur.

60. — *Dessiner le cartouche* fig. 47. Ce cartouche est en style de la renaissance; il est décoré dans le bas d'un masque hideux.

Ce cartouche décorait les murs des appartements, et contenait soit un petit miroir, soit une maxime religieuse, soit une devise héroïque.

61. — *Dessiner le prie-dieu* fig. 48. Ce prie-dieu est très-riche, et appartient par son style à l'époque de la renaissance; ses panneaux sont ornés de rais de cœur et de perles; les deux arceaux sont tenus par deux colonnettes formant deux trèfles avec clocheton renversé; au-dessus, on voit des compartiments ornés de fleurs et de fleurons.

Le devant du prie-dieu est porté sur deux colonnes torses, avec piédestaux couchés.

Le coussin est contenu entre deux appuis en volutes, et décoré de rinceaux légers.

Nous avons présenté aux élèves ce petit meuble d'un joli goût, et qui peut être exécuté aujourd'hui en palissandre ou en ébène, avec damasquinerie ou incrustations.

62. — *Dessiner la colonnette* fig. 49. Cette petite colonne torse peut se placer dans la composition d'une foule de meu-

bles; elle appartient au style de la renaissance, mais elle est très-employée aujourd'hui par les ébénistes.

Les élèves copieront avec soin la colonne torse, qui présente quelque difficulté dans l'exécution; c'est pour les exercer que nous avons ajouté ce modèle, plus allongé et plus grand que celui de la fig. 48.

Une verticale, passant par le milieu de la colonne, la divise en deux parties symétriques et renversées. Il est indispensable que les deux parties de la colonne soient également contournées.

63. — *Dessiner un fauteuil*, fig. 50. Ce fauteuil, en style de la renaissance, est orné dans le haut de deux clochetons; le dossier est garni d'une étoffe riche à rinceaux légers, et terminé en bas par des franges attachées avec des clous dorés; Les accoudoirs garnis en même étoffe que le dossier et le siége, sont soutenus par des montants en forme de balustre.

Les pieds du siége sont maintenus par un T. On appelle *té*, dans les siéges, le balustre à deux renflements qui traverse la base, et qui se rattache par le milieu à deux autres balustres.

64. — *Dessiner la glace à miroir* fig. 51. Cette glace à miroir est du siècle de Louis XIV; le cadre en est d'une grande richesse.

Dans le haut, on voit un cartouche servant de motif à un mascaron de femme, en style de la renaissance, au-dessous du cartouche est une draperie découpée. La tête de femme se trouve surmontée d'une coquille imitant la coiffure; de chaque côté du cadre, dans le haut, on a mis deux Amours ailés, moitié nature, moitié ornement, terminés par des modillons ornés de fleurs d'acanthe.

Les coins inférieurs de cette glace sont garnis de rinceaux riches, au milieu desquels on voit un cartouche placé sous un arc de cercle servant à rompre la monotonie de la ligne droite. Les bords du cadre sont incrustés de rosaces, de filets et de tortillons.

On imitera la teinte de la glace au moyen de l'estompe.

65. — Le miroir de Venise, placé dans ce cadre, ne pouvait pas être d'un seul morceau, si le cadre était grand ; car nous étions alors bien peu avancés dans l'art de fabriquer les glaces.

Ce fut Colbert qui, en 1665, appela de Venise des ouvriers français qui s'y trouvaient, et qui vinrent fonder la première manufacture de glaces qu'ait possédée la France à Tour-la-Ville, près de Cherbourg. Les ouvriers imitèrent servilement les procédés employés à Venise, et réussirent à fabriquer par le soufflage, des miroirs, façon de Venise, d'un mètre deux décimètres de hauteur.

Ce ne fut qu'en 1685, qu'Abraham Thevard, artiste français, eut l'idée de faire pour les glaces, ce que l'on faisait pour la fonte de fer, et bientôt après, il coula des glaces de trois mètres de hauteur ; ce fut lui qui fonda le grand établissement de Saint-Gobain.

A la dernière exposition des produits de l'industrie, en 1834, la manufacture de Saint-Gobain a fourni une glace de quatre mètres de hauteur sur près de trois mètres de largeur ; c'est le plus grand morceau de glace qui ait encore été fabriqué.

66. — *Dessiner la table* fig. 52. Cette table, en style de la renaissance, est d'une beauté et d'une richesse remarquables.

Le dessin de la fig. 52 représente la table, un peu de profil, comme on peut le voir à l'épaisseur des moulures, dont on n'apercevrait que le simple trait si l'objet était vu entièrement de face. La table est arrondie aux coins, et décorée de clochetons renversés ; elle est garnie de moulures et de petits cadres. Les pieds sont à jour ; des colonnettes torses et des consoles soutiennent une corniche surmontée de deux enroulements avec palmettes ; les pieds sont ornés de volutes.

Ce meuble, exécuté en bois de palissandre ou en bois d'ébène, serait encore aujourd'hui d'un excellent goût.

67. — *Dessiner le bassin* fig. 53. On ne se rend pas bien compte, au premier aperçu, de la nature de ce meuble; c'est un bassin en style du siècle de Louis XV; il servait dans une salle à manger pour le nettoyage de l'argenterie.

On distingue au milieu une coquille formant fleuron renversé, et soutenue par deux enroulements principaux; deux autres petits enroulements à palmettes surmontent les premiers.

Le quart de rond et le tore sont à godrons. Trois pieds fort riches, avec volutes ornées, supportent la table et s'appuient sur un socle composé de filets et de doucines.

On n'aperçoit que deux pieds; mais on voit à l'épaisseur des moulures que les deux pieds visibles ne sont pas de face.

CHAPITRE VI.

MEUBLES MODERNES.

68. — L'ébénisterie a fait de grands progrès depuis quelques années; mais nos bois indigènes sont délaissés, tandis que les bois exotiques sont employés presque exclusivement à la confection des meubles de prix. L'acajou, le palissandre, l'angica, le calliatour, le courbari, ont de belles couleurs et une grande variété de texture, tandis que le chêne, le hêtre, l'aune, le frêne, l'orme, avec lesquels on fabrique aussi des meubles, sont pâles et ternes. Le noyer est abandonné aussi; c'est pourtant celui de nos bois indigènes qui a les teintes les plus variées et les plus belles, surtout en vieillissant.

La fabrication des meubles a pris un immense développement; le nombre des ouvriers et des maîtres qui s'occupent, à Paris, de la fabrication des meubles, est de plus de quatre mille; on a calculé que cette branche de production est de 12,000,000 de francs par année. La main d'œuvre dépasse 4,500,000 francs.

Non-seulement on emploie les bois exotiques et indigènes les plus précieux, mais on appelle à l'aide de la fabrication les concours d'artistes habiles qui donnent aux meubles les formes les plus agréables et les plus commodes, et les embellissent de tout ce que l'ornement offre de plus délicat et de plus riche.

Il a fallu, pendant quelques années, lutter, dans la fabrication des meubles, contre l'invasion du *laid* et du *ridicule*, qui menaçaient d'envahir tous les arts. L'impuissance et l'orgueil insensé de quelques prétendus artistes substituèrent la bizarrerie à l'élégance, le fantasque au vrai, la manière à la simplicité, la prétention à la noblesse; heureusement le bon sens général a fait justice de ce mauvais goût, qui a cédé insensiblement à des idées plus justes.

On a beaucoup trop abusé des incrustations en buis, en houx et en marronnier sur le palissandre et l'angica. Les incrustations en ivoire, sur l'ébène et le palissandre, ne produisent pas l'effet qu'on en avait espéré.

Le houx, bois d'un ton blanc et mat, reçoit d'assez jolies incrustations d'amaranthe.

Mais, nous l'avouons, les incrustations sur palissandre ne nous plaisent pas et nous semblent d'un mauvais goût; nous préférons les teintes du palissandre, sans aucun accompagnement; les meubles paraissent d'un ton sévère, mais très-harmonieux.

69. — *Dessiner le bâton* fig. 54. Ce bâton se compose d'un cartouche auquel viennent se rattacher des *S* très-allongées, terminées en volutes, et ornées de feuilles. On l'exécute en bois doré ou en palissandre; il sert à draper les rideaux d'un lit ou ceux d'une croisée.

Cette figure est assez simple, et cependant on verra qu'il n'est pas très-facile de la copier parfaitement juste.

70. — *Dessiner le bâton* fig. 55. Voici une forme toute différente de celle qui précède. C'est une espèce de balustre à deux renflements, terminé à ses extrémités par des fleurons

entr'ouverts. Le bâton s'exécute en bois doré, et mieux en acajou ; dans ce dernier cas, les patères qui le soutiennent sont également d'acajou. Il en résulte un ornement sévère qui convient dans plusieurs positions sociales.

On copiera avec soin les moulures ornées de godrons et de feuilles à bord supérieur renversé.

71. — *Dessiner la chaise* fig. 56. Nos chaises ont été longtemps fort mal construites. Ce n'est que depuis un très-petit nombre d'années qu'on a songé à leur donner une forme convenable, et à les rendre tout à la fois gracieuses et commodes. Dans les deux derniers siècles, les chaises étaient larges et assez commodes, mais la forme était oubliée, on semblait ne pas s'en préoccuper le moins du monde.

Avec le style de l'Empire, revinrent les chaises romaines, d'un genre sévère, mais la forme était l'objet principal, et le bien-être des personnes qui devaient s'asseoir était laissé entièrement à l'écart. Nous sommes redevables de l'amélioration introduite dans la fabrication des chaises et des fauteuils actuels, à la tapisserie anglaise.

Dans la fig. 56, le bois, qui peut être exécuté en palissandre ou en bois d'acajou, se compose d'un dossier à double filet, avec petit cartouche dans le haut, petites volutes et feuilles d'acanthe.

Le siége peut être exécuté en velours violet à piqûres, avec torsade et franges de soie de même couleur; les pieds de derrière sont à filets ; ceux de devant sont ornés de moulures, de cannelures et de feuilles d'eau dans le bas.

72. — *Dessiner la chaise* fig. 57. Cette chaise, de forme anglaise, est recouverte presque entièrement d'étoffe ; on n'aperçoit que les quatre pieds, qui peuvent être exécutés en palissandre ou en acajou. Ce meuble est recouvert en étoffe de lampas de soie avec piqûres ; une rangée de clous dorés pointus surmonte une frange assortie à l'étoffe. Ses pieds, à roulettes en cuivre, sont ornés de cannelures.

Ces sortes de chaises diffèrent des fauteuils, en ce qu'elles manquent d'accotoirs; on y est très-bien assis et la forme du dossier s'applique à celle du corps humain : on les place surtout dans les chambres à coucher et dans les boudoirs, pour les causeries intimes.

On devra, en copiant les dessins de l'étoffe, les indiquer fort légèrement; sans cela ils feraient tache, ce qu'il faut soigneusement éviter.

73. — *Dessiner le guéridon* fig. 58. Ce meuble est d'un bon goût et fort riche dans ses détails.

La tablette du guéridon est ronde ou ovale et en palissandre; les beaux meubles de ce genre n'ont plus guère de tablettes en marbre. Une corniche en godrons est placée entre deux filets. Au-dessous se trouve une baguette formant chapelet en perles rondes et en perles allongées. Le pied se compose de moulures ornées d'oves, de perles, de cannelures, de feuilles d'acanthe et de rais de cœur. Il est terminé par un clocheton renversé, orné de cannelures et de perles.

Le guéridon est porté sur trois pieds en forme d'*S* coudées avec doubles filets, volutes, petites cannelures et feuilles.

Ce meuble demande beaucoup de soin dans l'exécution. Pour en donner une idée plus complète, on ferait bien de dessiner à côté la tablette figurée par un cercle entouré de godrons : on pourrait également dessiner à part et dans une proportion triple, le clocheton renversé.

74. — *Dessiner l'écran* fig. 59. Ce meuble est destiné à un riche salon; le bois doit être en palissandre ou en bois incrusté. Une belle étoffe de soie à petits bouquets disposés en colonnes, occupe le milieu de l'écran.

Les montants sont assujettis par deux traverses; celle du haut est surmonté de deux *S* coudées avec doubles filets en volutes, séparées par deux fleurons contrariés, posant sur une perle aplatie. Les montants sont surmontés de deux pommes de pin avec petite boule au sommet.

La traverse du bas est renforcée par une seconde traverse formée de deux balustres opposés.

L'écran est supporté par deux pieds en forme de moitié de *X*, avec doubles filets et volutes.

75. — *Dessiner le lit* fig. 60. Le bois de lit de la fig. 60 doit être exécuté en palissandre, si les rideaux du lit sont d'une couleur sévère. On peut au contraire employer de l'orme ou du houx, avec des incrustations d'amaranthe, si la couleur des rideaux est vive et claire.

La préférence que l'on donne aujourd'hui au palissandre sur l'acajou est fondée sur les teintes riches et chaudes du palissandre, et sur un aspect plus *meublant* que celui des autres bois exotiques. L'acajou a un avantage réel sur le palissandre : c'est que son tissu est plus serré et plus dur, ce qui rend le travail de l'ébéniste plus facile pour polir, poncer et vernir la surface. Le palissandre, dont les pores sont moins serrés, exige un travail plus soigné et plus long : il faut beaucoup plus de temps pour le vernir. C'est à cause du travail seulement que le palissandre coûte beaucoup plus cher que l'acajou, car les deux bois, bruts, sont à peu de chose près du même prix.

Les montants du lit fig. 60 sont droits, à petits cadres, ornés de rangées de perles rondes, allongées, avec fleurons et rosaces. Les angles droits sont dissimulés par des coins à doubles filets et volutes. Des pieds à moulures soutiennent ce lit.

Un baldaquin en bois pareil à celui du lit, est orné de filets, de rangées d'oves, de perles rondes et de perles allongées; au milieu est une rosace. Les coins sont coupés en petits cadres. Au baldaquin est attachée une frange de soie à torsades.

De doubles rideaux sont suspendus au baldaquin : les premiers, en dessous, sont en mousseline brochée riche, avec franges; les seconds, qui recouvrent les premiers sans les cacher entièrement, sont en étoffe riche de lampas de soie ou en étoffes brochées de soie. Ces rideaux viennent se relever sur deux bâtons en bois de palissandre, avec embrasses et gros glands.

Le couvre-pied est garni de deux traversins, dont l'un, simulé, est d'étoffe pareille aux rideaux. Les rosaces des traversins sont entourées de bandes, et au centre est attaché un gros gland.

Ce dessin est d'une belle exécution. Nous engageons les élèves à bien étudier les courbes gracieuses du baldaquin, et à rendre avec exactitude les ornements du bois de lit. Les dessins des rideaux et du couvre-pied doivent être touchés légèrement.

VASES ET BRONZES.

CHAPITRE VII.

VASES GRECS.

76. — Nous avons dit quelques mots sur les vases grecs dans le *Cours méthodique de Dessin linéaire* (partie élémentaire); mais nous étions naturellement circonscrits par notre cadre. Nous allons ajouter des développements, que nous empruntons au *Dictionnaire des Beaux-Arts*, de Millin.

Les artistes grecs avaient soin de donner à chaque vase la forme la plus convenable à sa destination, et en même temps la plus agréable à l'œil. Ils ont pris quelquefois le parallélipipède pour base, parce que l'œil saisit très-facilement cette forme. Le plus ordinairement ils choisissaient la forme arrondie ou doucement évidée, pour ne pas arrêter l'œil par des angles. Ces formes principales recevaient un grand nombre de modifications; mais les ornements dont un vase était chargé laissaient toujours entrevoir la forme primitive. Ce ne fut que dans les temps postérieurs de la décadence et du goût, qu'on s'éloigna des formes simples, pour donner aux vases une figure pyramidale ou anguleuse.

Les Grecs et les Romains ont déployé une grande magnificence, et ont obtenu une grande perfection dans leurs vases. Les uns étaient destinés à couvrir les tables et les buffets des riches et des grands; les autres, d'un moindre prix sous le rapport de la matière et du travail, servaient aux usages domestiques.

Chez les anciens, les vases étaient donnés comme prix

dans les jeux publics ; aussi voit-on sur les médailles et sur les monuments relatifs à ces solennités des vases accompagnés de palmes.

77. — De tous les ouvrages de l'art grec qui sont parvenus jusqu'à nous, il n'en est pas qui méritent autant de fixer notre attention que les *vases grecs en terre cuite*, qu'on a longtemps désignés à tort sous le nom de *vases étrusques*. On les appelait ainsi parce que les savants qui en ont donné les premières descriptions, tels que Montfaucon, Passeri, Caylus, les avaient considérés comme des monuments de l'art étrusque. Ces vases ne sont pas particuliers à l'Étrurie ; c'est ce qu'a très-bien prouvé M. Hamilton dans la préface de la *Nouvelle collection des Vases* : il leur a rendu leur nom véritable de *vases grecs*.

On a trouvé un grand nombre de beaux vases dans les tombeaux, où ils avaient été placés autour du cadavre. Quelques auteurs en ont conclu que c'étaient des *urnes cinéraires* ; mais cette opinion n'est pas admissible, puisque la plupart ont été trouvés vides et non pas remplis de cendres.

78. — D'après l'opinion la plus probable, c'étaient des *vases sacrés* qu'on remettait à ceux qui se faisaient initier aux mystères de Bacchus et de Cérès, au moment de leur initiation. Ce qui le confirme, c'est que la plus grande partie des sujets figurés sur les vases ont rapport aux mystères.

On peut admettre aussi que les vases étaient distribués en présents dans les occasions solennelles, afin d'en perpétuer le souvenir. Les vases à figures sont pour nous d'un grand prix et d'une haute importance, soit par leur forme agréable et élégante, soit par la nature des sujets qui y sont exécutés. Ce sont des sacrifices, des processions ou des représentations qui se rapportent à l'initiation aux mystères de Bacchus et de Cérès. Quelquefois, mais bien plus rarement, on y trouve des fêtes de famille et des festins, ou bien des mythes des siècles héroïques.

Le dessin des figures est d'une grande perfection ; il a de

la grâce et de la liberté, sans que pour cela la justesse et la pureté soient négligées; les draperies sont toujours placées convenablement; les personnages ont une pose noble, et les groupes sont parfaitement disposés.

79. — Les cabinets d'Italie sont pleins de vases grecs ornés de figures : le fond est d'un roux obscur; c'est la couleur de la terre qui a servi à leur fabrication. Le jaune, le noir et le blanc sont réservés pour les figures qui les ornent. Ces vases ont ordinairement de quarante à quarante-deux centimètres de hauteur, et peuvent contenir cinq à six litres.

Les personnes qui voient une collection de vases antiques pour la première fois sont étonnées de trouver des formes bien différentes de celles qu'elles rencontrent dans la vie actuelle, et elles se demandent à quels usages ces vases pouvaient servir, et pourquoi les formes s'éloignent tellement des formes modernes.

L'élégance du profil des vases grecs, qu'on appelle le *galbe*, le caractère de simplicité qui les distingue, le génie qui a présidé à leur invention, la variété infinie des contours, caractérisent ces produits remarquables de l'art grec.

Quant à la variété presque infinie de la forme, on peut être assuré que l'envie de donner de l'agrément à leurs ouvrages n'a pas été le seul mobile de leurs artistes; car, dans l'art de faire des vases comme dans l'art de construire, les anciens n'ont jamais recherché l'agréable qu'après l'utile : c'est donc la différence des usages auxquels les vases étaient destinés qui a produit celle des formes.

80. — Les anciens employaient des terres blanches, noires et rouges dans la fabrique des vases, et une belle argile fine que Pline appelle *arætonium*. Ils faisaient des vases en bois, en cornes d'animaux, en ivoire, en ambre, en cuivre, en plomb, en fer, en argent. On en trouve aussi en verre, et ce verre avait diverses couleurs. Ils en taillaient aussi en marbre de toutes les espèces, en albâtre oriental, en porphyre et en granit, que l'on tirait de l'Égypte.

81. — On distinguait parmi les vases ceux qui étaient réservés aux choses sacrées, à l'usage des temples et des tombeaux, aux sacrifices et aux cérémonies publiques, aux jugements, aux thermes ou bains, aux récompenses pour les exercices gymnastiques, etc., etc.

Ces vases étaient l'objet d'un grand commerce par terre et par mer.

Pline nomme huit manufactures de vases fictiles en Italie, et six dans des pays étrangers.

L'histoire de la *céramique* en Italie compte cinq époques, dont la seconde est la plus célèbre : l'art de fabriquer les vases fut poussé à sa perfection avant la prise de Capoue.

82. — *Dessinér le vase grec* fig. 61. Ce vase est peut-être le plus beau de la collection de M. Hamilton; la forme en est gracieuse et noble; son galbe est simple et riche; les peintures et les ornements dont il est orné lui donnent un autre genre de valeur.

Il est présumable que le vase fig. 61 fut décerné comme prix d'un combat; il a dû être mis dans le tombeau des athlètes dont il rappelle un triomphe mémorable.

Le dessin de la figure n'est probablement pas du commencement de l'art, mais il paraît imiter ceux qu'on faisait alors. Il représente Castor au milieu d'un temple qui lui était consacré.

On sait que les Dioscures (Castor et Pollux étaient ainsi surnommés; les fêtes célébrées en leur honneur à Cyrène et à Sparte étaient appelées Dioscuries) s'étaient rendus célèbres, l'un en domptant les coursiers, l'autre en triomphant dans les combats du pugilat. Ils étaient fils de Léda, et présidaient aux combats des athlètes et aux courses des chevaux.

Dans le dessin du vase fig. 61, Castor est dans l'attitude où on le voit sur des médailles consulaires et sur des pierres gravées. Il est représenté avec la chlamyde qu'Élien, cité par Suidas, donne pour un des attributs des Dioscures. Le bonnet phrygien qu'il porte fait allusion à l'œuf dont il était sorti ; il tient en main une couronne, que l'on appelait *Lemniscata*, parce qu'il avait été couronné par Hercule pour avoir remporté le prix de la course aux jeux Olympiques. Castor tient une lance ; derrière lui on aperçoit une cuirasse entière, ce qui prouve qu'il avait assisté à des expéditions militaires, entre autres à celle des Argonautes.

Les ornements et les fleurons qui ornent le sommet et les extrémités du fronton, sont les mêmes que les anciens employaient dans leurs temples, comme on peut le voir dans plusieurs médaillons et au temple d'Isis, découvert à Pompéies.

Un autre dessin est placé dans la partie opposée du vase que l'on ne peut apercevoir ; il représente un autel enveloppé de bandelettes suivant un usage dont il est fait mention dans les poëtes. Près de l'autel sont des figures qui tiennent en main les offrandes qu'ils vont offrir aux dieux ; ce sont des couronnes, des bandelettes, des cystes, des gâteaux, des miroirs et des pyramides.

La figure de Castor est de très-bon goût : les ornements qui accompagnent les médaillons et qui remplissent les intervalles vides, sont bien ajustés.

Les têtes de cygne en relief, placées à côté des anses, ne laissent pas douter un instant que ce ne soit la tête de Léda, mère des Dioscures, ou celle d'Hélène leur sœur, qui est représentée sur la gorge de ce vase, d'autant plus curieux qu'il prouve que les anciens employaient la couleur bleue dans les peintures des vases. Plusieurs savants antiquaires ont soutenu l'opinion contraire.

On a cru aussi que les vases qui, comme celui de la fig. 61, avaient plus d'un pied et demi de hauteur (un demi-mètre), et qu'on appelait, à cause de cette raison, *sesquipedales*, n'étaient pas usuels. Cependant, sur une médaille de Corcyre, on voit un homme qui tient dans ses bras un vase dont il verse le contenu dans un autre vase de même grandeur, quoique de forme différente : ces deux vases ont la moitié de la hauteur d'un homme, et cependant ils étaient employés à des usages domestiques, d'où l'on peut conclure que les vases *sesquipedales* n'était pas les seuls employés usuellement.

83. — Une ligne verticale doit être tracée sur le papier pour indiquer les deux moitiés symétriques du vase : la tête seule d'Hélène et la figure de Castor, avec le cheval, ne participent pas à la symétrie. On fera bien de tracer les horizontales, les verticales qui déterminent les diverses moulures du vase ; ce travail préparatoire servira beaucoup à conserver la proportion et l'harmonie entre les diverses parties de ce vase magnifique, que j'ai vu en 1842, dans le Muséum de Londres.

La moulure supérieure est composée d'oves, avec filet et et plate-bande, dans le quart de rond inférieur se trouvent des enroulements légers et contrariés avec filets. Dans la frise au-dessous sont des boucliers séparés par des fleurons opposés. La tête d'Hélène, d'un joli style, est entourée de rinceaux délicats auxquels se rattachent des fleurs, des boutons et des feuilles. La partie saillante du vase est indiquée par une bande de godrons sur laquelle se détachent deux cous de cygne faisant allusion à la métamorphose de Jupiter, père des Dioscures.

Les anses, d'une forme agréable, sont garnies de deux mascarons de femme remplaçant les rosaces : au bas des anses on voit le profil de rinceaux très-riches avec palmettes, enroulements contrariés et ornés.

Le temple est surmonté d'un fronton avec ornement intérieur et palmettes au milieu, et aux extrémités, les colonnes sont d'ordre ionique. On copiera avec soin la figure de Castor, le cheval, la lance, la cuirasse, le bonnet phrygien et la couronne. Le soubassement du temple est enrichi de rinceaux légers.

La partie inférieure du vase est ornée d'oves, de grecques, de bandes, de feuilles d'eau.

Quant aux moulures de pied, elles sont simples et ornées seulement d'enroulements et de godrons.

Ce travail exige du soin, du goût et de la patience ; il peut servir de composition de prix.

84. — *Copier la portion d'ornement* fig. 62. Ce dessin est la reproduction en grand de la frise du vase fig. 61. Il sert à détailler un ornement formant ligne courante, et offrant quelque chose de confus dans une si petite dimension. On distingue facilement, dans la fig. 62, les lignes courantes du quart de rond, ainsi que les boucliers et les fleurons de la frise. Le vase, fig. 61, a 268 millimètres de hauteur, en le doublant il aurait 536 millimètres, ce qui pourrait sembler un peu grand. En ajoutant à 268 millimètres la moitié de ce nombre, on aurait 402 millimètres ou 4 décimètres, en négligeant les deux millimètres. Cette proportion serait bien suffisante pour laisser voir les moindres détails.

85. — *Dessiner le vase grec* fig. 63. Ce vase, par la forme de ses anses et par son galbe, semble avoir appartenu aux usages intérieurs de la famille, ou au service des autels dans les temples des dieux.

L'ornement qui domine dans les dessins de ce vase, est la palmette qui se montre sous tous les aspects.

Le bord supérieur est formé d'oves et compris entre deux filets ; sur la gorge se trouve une bordure en palmettes ; au-dessous, on aperçoit plusieurs lignes de postes ou lignes courantes ; les deux anses, d'une forme élégante, se rattachent à des rinceaux à enroulements, que l'artiste a enrichis de feuilles et de palmettes. Près des anses, on revoit encore deux ovoïdes ornés de rinceaux à feuilles, et contenant des palmettes dans leur intérieur. Au-dessus de la frise composée de grecques, se trouve une large palmette couronnant deux enroulements maintenus par une tringle : ces enroulements ornés de feuilles se rattachent à des rinceaux élégants qui donnent naissance à deux palmettes penchées.

Le bas du vase est formé de deux bandes contiguës, à petits clous, et d'une bande unie suivie de deux autres bandes contiguës à petits clous. Ces bandes, en relief, semblent avoir le même usage que les godrons, et paraissent consolider le fond du vase. Le pied est composé de filets, de doucines, de quart de rond, et du socle; le quart de rond est orné d'oves allongées.

Ce vase, beaucoup moins riche que celui de la fig. 61, est cependant d'un joli galbe et d'une grande élégance d'ornements.

86. — *Copier un détail du vase précédent*, fig. 64. Nous avons donné en grandeur triple la frise de la gorge du vase fig. 63, pour que l'on pût juger de l'effet qu'il produirait, si les dimensions en étaient augmentées.

On remarquera qu'une des difficultés pour les élèves, de doubler ou de tripler les dimensions d'un objet, consiste dans la netteté et la précision que l'on exige pour les détails des grands dessins. D'un autre côté, comme il est peu d'exercices, en dessin linéaire, aussi utiles que ceux qui ont pour objet de changer les dimensions données des ornements, nous engageons les instituteurs à suggérer à leurs élèves l'envie de doubler ou de tripler les proportions linéaires des figures, après toutefois que le dessin aura été copié exactement une première fois sur le modèle.

87. — *Dessiner le vase grec dit de Médicis*, fig. 65. Ce vase, qu'on appelle vulgairement dans les arts *vase de Médicis*, est un vase grec qui a reçu cette dénomination, parce qu'on en a trouvé plusieurs de cette forme dans le magnifique Musée commencé à Florence par les Médicis. Cette maison puissante par ses alliances, par ses richesses et par son goût pour les arts, encouragea les artistes et contribua à la renaissance des lettres et des sciences.

Cosme de Médicis, dit *le Grand*, amassa des trésors immenses par le commerce qu'il faisait dans tout le monde connu; ses libéralités envers les peintres, les statuaires, les architectes, les gens de lettres et les savants, ont rendu son nom à jamais célèbre.

Son frère, *Laurent de Médicis*, fut surnommé aussi *le*

Grand et le *Père des lettres*; il se montra le protecteur éclairé des arts, des lettres et des sciences, et ne le céda à son frère ni en libéralité, ni en magnificence. Dans cette illustre famille, plusieurs autres Médicis contribuèrent à la splendeur qu'elle s'est justement acquise.

88. — Le vase grec, dit de Médicis, est une copie de l'antique. Ses belles formes plurent à tous les connaisseurs, comme le prouve la quantité de vases modernes du même genre qui embellissent les jardins de Versailles et des Tuileries. Il a une forme qui lui est propre, et qui depuis a été altérée par les artistes. La fig. 65 est une représentation exacte de ce vase dans ses véritables proportions.

Le galbe en est gracieux et pur : les deux moitiés symétriques permettent une vérification facile par superposition d'une des moitiés sur l'autre.

Le filet supérieur est entouré d'un rang de perles ; au-dessous le quart de rond ou *lèvre du vase*, est couvert d'oves, et repose sur un filet où vient se rattacher une courbe qui s'appuie dans le bas sur un double filet. Une ligne courante de raisins et de feuilles de vigne décore le haut du vase, dont le fond bombé est orné de feuilles d'acanthe bien disposées. Quatre mascarons, dont deux seulement sont vus dans le dessin, servent d'attache à deux anses enrichies de canaux et de feuilles d'acanthe. Le pied se compose d'un réglet et de son filet, d'une doucine, d'un filet, d'un quart de rond orné d'oves, d'un filet d'une grande scotie coupée par deux filets : au second se rattachent des canaux terminés par un filet ; un rang de perles allongées est posé sur un quart de rond décoré d'oves et de feuilles de vigne : le tout repose sur un socle carré.

89. — Nous croyons nécessaire de dire encore un mot sur les différentes sortes d'ornements des vases grecs ; c'est un sujet qui est digne d'attirer l'attention des hommes intelligents et amateurs éclairés de l'antiquité.

Les anciens n'avaient point imaginé les ornements par

hasard, et ils ne les employaient pas au gré de leur caprice. L'application de chaque espèce d'ornement était en général motivée, et avait son origine dans le goût dominant pour l'allégorie ou dans l'observation de la nature.

Les ornements connus sous les noms de *moulures*, de *cannelures* et de *côtes*, ne doivent pas non plus être placés, ainsi que nous l'apprennent les monuments antiques, sans choix et sans motif.

90. — Les *cannelures* sont des cavités taillées perpendiculairement ou en spirale autour d'un vase, le long d'un pilastre, d'une colonne ou de divers membres d'architecture. Les Grecs appelaient ce genre d'ornement ῥάϐδωσις, du mot ῥάϐδος (baguette), parce qu'il donnait à la colonne l'apparence d'un faisceau. Les Romains le nommaient *strigæ* ou *striæ* (Vitruve, *Architect.*, IV, 3). Le mot cannelure vient de la ressemblance de ces cavités avec un petit canal ou avec des baguettes en forme de canne ou de roseau dont on emplit quelquefois les cannelures, qui alors prennent le nom de *rudentées* (de *rudis*, baguette). Les Égyptiens, les Perses et les Grecs ont fait un grand usage de cet ornement.

91. — Les *oves* que nous voyons au-dessus du pied, à la base du vase et à son bord, sont du petit nombre des ornements empruntés du règne animal, car ils appartenaient presque tous au règne végétal. On appelle *oves* une série de petits corps ovoïdes, ou semblables à des œufs, rangés sur une ligne droite les uns auprès des autres. Le plus souvent on mettait entre chaque œuf une pointe triangulaire appelée *langue de serpent*, parce qu'on croyait alors que la langue du serpent avait cette forme. Les œufs étaient employés dans les lustrations, dans les sacrifices expiatoires. Le serpent était consacré à Bacchus et à Esculape : on l'honorait comme le bon génie; son apparition était regardée comme un heureux présage, et il figure sur une infinité de monuments. C'est là sans doute l'origine de l'adoption des œufs et des langues de serpent pour l'ornement des vases et de l'architecture.

On trouvait que la pointe triangulaire, qu'on attribuait à la langue du serpent, et l'extrémité arrondie de l'œuf alternaient d'une manière agréable, et que le vide laissé entre les deux œufs était bien rempli par cette pointe.

92. — On voit dans la fig. 61, à l'origine inférieure du ventre du vase, un autre ornement composé de feuilles de lierre superposées. Pour le couronnement des vases peints, on employait quelquefois de longs jets de branches de lierre; mais dans les moulures destinées à l'ornement des parties saillantes ou rentrées des vases sculptés, on employait les feuilles.

93. — Les *côtes* qui entourent le ventre du vase ressemblent à celles de quelques fruits cucurbitacés, tels que certains melons; elles font le contraire de la cannelure, et saillent en dehors au lieu de rentrer en dedans. Elles ont pour motif de paraître fortifier et défendre certaines parties. Le renversement de la lèvre du vase semble également concourir à mettre à l'abri de tout choc extérieur et de tout événement le bas-relief qu'on exécute ordinairement sur le corps du vase.

94. — Les bordures des vases, composées d'oves, de cannelures, de méandres, de labyrinthes, de vignes, de lierre, d'acanthe, de laurier, de fougère, ont donné naissance à ce genre d'ornements que nous nommons *arabesques*, et dont l'emploi est fort ancien dans la Grèce, puisqu'on l'observe au temple d'*Apollon Didyméen*, près de Milet.

Les Grecs et les Romains ont employé l'arabesque, qui fut introduite en France sous François Ier, par Primatice, Rozzo et d'autres Italiens.

95. — L'*acanthe* est une plante dont le nom signifie *épine*; non pas que les espèces soient toutes épineuses, car on en connaît deux espèces, l'une sans épine, et l'autre épineuse. Cette plante ne ressemble pourtant pas absolument à la figure qu'elle a dans les ornements. En conservant la forme de ses feuilles, les artistes se sont plu à leur donner des sinuosités

plus ou moins profondes, pour les rendre d'un effet plus pittoresque.

96. — Le vase de la fig. 65, qui est d'une belle forme, quoique un peu sévère à cause de sa largeur, a été allongé par des artistes modernes, qui ont voudu lui donner ainsi plus de légèreté; nous ne blâmons pas cette innovation lorsqu'elle ne s'éloigne pas trop des formes du vase de la fig. 65.

Des proportions linéaires doubles de celles que nous avons indiquées produiront un vase très-grand, et permettront de donner plus de développement aux ornements. La seule précaution à prendre est d'ajouter quelques petites feuilles d'acanthe pour remplir certains vides. Nous avons sous les yeux le vase de la fig. 65 dans une proportion double en hauteur, et il est remarquablement beau.

CHAPITRE VIII.

VASES TIRÉS DE LA RENAISSANCE.

97. — *Dessiner le vase* fig. 66. Ce vase appartient aux *buires* de l'époque de la renaissance; mais son genre diffère beaucoup de celui de la fig. 67, quoiqu'il y ait entre les deux vases plusieurs points de rapprochement. Ainsi, les deux corps des fig. 66 et 67 ont la forme ovoïdale; les anses, quoique différentes, ont le même mouvement; mais leur caractère les sépare profondément. Le galbe du vase fig. 66 est sévère, celui du vase fig. 67 est élégant et gracieux.

L'anse, quoique d'une forme moins jolie que dans la fig. 67, se rattache bien au col et au corps du vase; un serpent s'enroule autour de l'anse, ornée de canaux et d'un fleuron en acanthe. La bouche du vase est d'une forme agréable; elle est enrichie d'une bordure avec ciselures légères. Un cartouche, destiné à porter sur un écusson des armes ou une devise, est posé sur un cercle ou collier de perles allongées; au-dessous sont des cannelures, qui terminent le col et qui s'appuient sur un filet et sur un quart de rond orné.

Le corps du vase se compose d'une tresse servant d'encadrement supérieur à une frise en cannelures s'appuyant sur une petite frise d'ornements légers.

Le milieu est occupé par une ciselure en ornements fins, divisée en quatre compartiments, dont on n'aperçoit qu'un seul entier et deux moitiés.

La partie inférieure du vase est d'une ciselure plus forte que la précédente; elle est surmontée d'un rang de perles oblongues, au-dessus duquel est une petite frise d'enroulements.

Le pied se compose d'un réglet, d'une scotie presque droite décorée de carreaux allongés qui s'appuyent sur un rang de perles; au-dessous l'on trouve une orle, un filet et des ciselures : le tout est supporté par un socle.

Ce dessin exige beaucoup de soins, d'attention et d'adresse, le moindre trait faux changerait le caractère. Nous recommandons aux élèves de donner un soin particulier à l'anse, au serpent, au cartouche et aux ciselures.

98. — *Dessiner le vase* fig. 67. Ce vase, d'une grande richesse de détails, ressemble beaucoup à une *buire* du moyen âge; il appartient au cabinet de Louis XIV.

Le galbe, gracieux et svelte, ressemble peu à la forme sévère des vases antiques. Une figure de sirène, dont le corps est terminé en serpent, offre une allégorie ingénieuse[1]. L'allégorie de la sirène charmant les voyageurs par la mélodie de ses accents, se rapporte ici à la douceur du breuvage que devait contenir ce beau vase. Il est inutile de dire que ce vase,

[1] .... Ut turpiter atrum
Desinat in piscem mulier formosa superne.
(Horace, *Art poétique*.)

Où qu'un buste de femme aux contours amoureux
S'allonge et se termine en un poisson hideux.
(Horace traduit par M. Ragon.)

exécuté en vermeil, et placé comme ornement dans un salon, n'a jamais été destiné à contenir des vins ou des liqueurs.

Une *S* renversée, ornée de rinceaux d'acanthe et de volutes, sert d'anse et se rattache par deux autres rinceaux, d'une part à l'orifice supérieur, de l'autre au corps du vase. Le col est orné de côtes et de lignes courantes très-légères. Une couronne de chêne forme un renflement subit qui produit un effet original et imprévu, en divisant le col du vase en deux parties; la seconde partie du col est formée de canaux et de feuilles d'acanthe.

Le corps du vase, d'une figure ovoïde, est orné dans le haut de riches guirlandes de fruits, suspendues à des patères par des rubans flottants; au-dessous sont deux lignes courantes d'ornements légers. La sirène, dont les cheveux sont à demi flottants sur ses épaules, tient les cordons d'une guirlande de fruits et de fleurs; des médaillons allongés sont placés entre des frises ornées de perles surmontées de bouquets de fleurs et de fruits. Le pied se rattache au corps du vase par une guirlande de roses; il se compose de perles, de feuilles très-allongées et d'une frise en feuilles larges. Le tout est porté sur un socle carré.

Nous avons représenté le vase fig. 67 en perspective, pour faire valoir tous ses avantages.

Cette buire n'est pas d'un style sévère, mais elle caractérise le goût d'une époque où la magnificence empruntait ses ressources au genre le plus gracieux. Le grand roi avait su imprimer au travail des artistes une touche de grandiose, même dans leurs productions les plus agréables : c'est un des signes les plus distinctifs des ornements du siècle de Louis XIV.

Les élèves auront quelque peine à bien rendre le caractère du vase fig. 67, qui est remarquable par ses ornements. Il serait très-difficile de doubler les proportions linéaires de cette figure ; nous engagerons les plus forts élèves à l'essayer, mais nous ne leur cachons pas que cette tentative pourra bien n'être pas couronnée d'un plein succès.

Le moyen le plus simple serait de se servir d'un treillis ; la copie par carreaux permettrait de ne pas trop défigurer le corps de la sirène.

99. — *Dessiner le vase octogonal* fig. 68. Ce vase est d'une forme toute particulière ; le corps est de forme octogonale, le reste est rond. Nous sommes obligés de reconnaître que ce deessin s'éloigne de la pureté antique, et qu'on peut lui reprocher *de la recherche et de la manière ;* cependant il produit un joli effet, et les ornements dont il est enrichi sont d'un bon goût et dans une harmonie parfaite.

Le sujet principal est figuré par la réconciliation de deux jeunes dieux marins jouant au milieu des roseaux, et dont le corps est appuyé sur une coquille ; leurs queues viennent se rattacher au corps du vase et servent d'anses.

Au-dessus est une frise en feuilles de lierre. Le haut du vase est composé d'un filet, d'un rang de perles et d'un quart de rond en coquilles dites pèlerines ; au-dessous est un filet et un cavet.

Le corps du vase se compose d'une ceinture et des huit faces du vase ; dans un médaillon, on voit, suspendu à une patère au moyen de nœuds de rubans, un culot renversé en feuilles d'acanthe, recevant deux cornes d'abondance pleines de fleurs et de fruits.

La partie inférieure du vase est composée de cannelures carrées figurant des feuilles creuses.

Le pied est formé d'un rang de perles, de plusieurs rangs de feuilles d'eau superposées sur une scotie qui vient aboutir à un filet et à un tore formé de feuilles superposées en écailles ; un socle supporte le vase.

Nous avons donné ce modèle pour varier nos dessins et pour exercer les élèves sur les vases très-riches ; les ornements sont bien distribuése t d'un fort joli goût.

CHAPITRE IX.

BRONZES RICHES MODERNES.

100. — On pourra remarquer que cette planche ne contient pas des vases modernes ; c'est qu'effectivement il n'y a pas de vases modernes. Nous aurions pu former une planche des vases de style impérial et de style actuel chinois et japonais ; mais ces formes ne sont pas approuvées par un goût pur, et nous avons dû renoncer à offrir aux jeunes gens les formes lourdes et massives de l'Empire et les bizarreries chinoises et japonaises, qui peuvent être de mode pendant un temps, mais qui ne constitueront jamais un style particulier.

Les vases style renaissance de la planche précédente appartiennent à l'orfévrerie et aux bronzes, et servent de transition naturelle aux bronzes riches modernes.

L'industrie des bronzes a fait d'immenses progrès ; la France ne rencontre aucune concurrence sérieuse dans ce genre de produits, qui s'élèvent à 20 millions de francs par année, et qui occupent trois mille ouvriers. Les noms de Denière, de Thomine, de La Fontaine, de Ledure, de Jeannest, sont honorablement connus, non-seulement en France, mais dans tous les pays civilisés.

101. — *Dessiner la coupe* fig. 69. Cette coupe ou gobelet est d'un style sévère. L'anse est à deux brisures et ornée dans le haut d'une feuille d'acanthe. La courbe du bord supérieur est assez difficile à exécuter. Le fond de la coupe est orné de feuilles d'acanthe et d'enroulements. Un enroulement double et opposé se trouve dans le profil à droite.

Le pied est une scotie allongée appuyée sur son filet ; une bordure d'oves termine le bas du vase.

Nous engageons les élèves à doubler et à tripler les proportions linéaires de cette coupe ; l'effet en sera plus agréable, et l'on en saisira plus facilement les détails.

102. — *Dessiner le brûle-parfum* fig. 70. Ce petit meuble de luxe est d'une forme élégante ; il est porté sur quatre pieds courbés dans le bas et posant sur des enroulements. Il est terminé dans le haut par des têtes d'oiseaux. Le corps du vase est à quatre faces à carreaux.

La tête du brûle-parfum est percée de trous qui donnent passage à la fumée ; au-dessous se trouve un filet et un tore en forme de corde.

Le fond du brûle-parfum est revêtu de godrons et terminé par un cul-de-lampe. Des feuilles d'acanthe décorent les pieds, dont la face droite est ornée d'un médaillon allongé au milieu de quatre petites feuilles d'acanthe.

En lui donnant des proportions linéaires doubles, on obtiendra un dessin plus détaillé dans ses parties.

Cette petite figure exige de l'adresse et du goût dans l'exécution.

103. — *Dessiner un bras double de candélabre*, fig. 71. D'après ce que nous avons dit plus haut, on doit reconnaître à la forme de la figure une imitation du style Louis XIV. Le mascaron de femme est de forme arrondie ; les cheveux s'échappent de dessous un diadème ; deux tresses entourent l'ovale et se croisent sous le menton. Des feuilles allongées, dont le bord supérieur retombe, forment une sorte d'auréole à la figure, qui repose sur deux *S* servant de culot à un fleuron renversé en feuilles d'acanthe. De la partie la plus large dans l'enroulement des *S* sortent deux rinceaux ornés de cannelures et de feuilles d'acanthe. La bobèche est placée à l'extrémité du rinceau et comme à son épanouissement, qui est figuré par deux filets comprenant une rangée d'oves.

Pour être bien rendue, cette figure demande un grand soin dans les détails, et surtout dans le dessin du mascaron.

104. — *Dessiner une autre branche double de candélabre*, fig. 72. Cette figure est beaucoup plus riche d'ornements que

la précédente, mais aussi elle est moins simple; elle a une autre destination. Elle convient mieux à un salon élégamment décoré, parce qu'elle est plus en harmonie avec un ameublement somptueux.

Un cartouche surmonté d'une coquille avec un médaillon ovale est placé sur une frise arrondie composée d'oves surmontés d'un filet; au-dessous est un socle carré : deux *S* renversées soutiennent une coquille et une sphère formant cul-de-lampe.

A la coquille supérieure se rattache un encadrement en rinceaux qui va se réunir avec beaucoup de grâce aux enroulements des bras du candélabre. Deux rinceaux en feuilles d'acanthe unissent adroitement les deux enroulements aux *S* du cul-de-lampe.

Les enroulements sont ornés eux-mêmes de feuilles d'acanthe; chaque bras est formé de deux parties distinctes, unies par un collier composé d'une moulure ronde entre deux filets. Le rinceau du bas est orné de feuilles; un petit culot renversé faisant clocheton se rattache au rinceau par un collier. La bobèche, ornée de perles, repose sur une astragale entre deux filets, appuyée sur un culot renversé en feuilles d'acanthe.

Cette figure gagnera à être traitée dans des proportions linéaires doubles ou triples; les ornements sont riches et de bon goût.

105. — *Dessiner le lustre ou lampadaire* fig. 73. Ce lustre riche et très-orné est destiné à recevoir vingt-huit bougies. Notre dessin n'en peut offrir que quatorze; mais on se représentera facilement le candélabre entier en supposant deux autres bras à angle droit avec ceux que représente la fig. 73.

Le *lustre* est un chandelier à plusieurs branches que l'on suspend au plafond; il est à jour et enrichi de cristaux à facettes.

Le *lampadaire* est une espèce de lustre en bronze à plusieurs becs de lampe. Ces becs remplaçaient les bobèches garnies de bougies des lustres. Aujourd'hui, où l'on a substitué la bougie à l'huile dans l'éclairage des salons et des appartements riches, on a conservé le nom de lampadaire à ces chandeliers à branches suspendus au plafond.

Le haut du lampadaire est une sorte de balustre surmontée d'une couronne formée d'un double rang de feuilles séparé par un filet d'une autre frise ornée de feuilles. Ce couronnement est destiné à remplacer le *tailloir* dans une proportion beaucoup trop grande. Au-dessous on trouve le *gorgerin*, le *filet*, l'*astragale* et *son filet*, le *col* orné de feuilles d'acanthe, le *renflement* formé en godrons, la *baguette* et *son filet*, la *scotie*, le *tore* (Voir au chapitre XIII du *Cours méthodique élémentaire* la description détaillée du balustre).

Le balustre est posé sur une sorte de piédestal orné d'un cartouche avec deux *S* renversées et ornées; au-dessus est un quart de rond sculpté en tresse, avec scotie et baguette; au-dessous est une astragale en perles, un filet, une scotie, un second filet, un renflement orné de feuilles d'acanthe, un col de balustre en spirales porté sur une astragale en perles séparée par un filet d'un quart de rond orné de perles.

Un cul-de-lampe très-riche, où l'on distingue des frises décorées de perles et d'oves, des cannelures et des enroulements légers, se rattache au montant supérieur au moyen des enroulements, décorés de rinceaux, de cartouches, de feuilles d'acanthe, de mascarons grotesques. Les bras des candélabres ne sont pas des rinceaux échappés des enroulements principaux, mais ils viennent s'y appliquer bord à bord; ils se composent de petits enroulements de feuilles d'acanthe et de rainures. Sept bobèches garnies de bougies reposent sur des rinceaux ornés de feuilles avec enroulements. Des guirlandes de perles et de fruits relient les bras du cartouche au cul-de-lampe.

Cette figure est une des plus riches que nous ayons encore proposée aux élèves. Dans une proportion linéaire double, ce lampadaire sera un très-beau dessin. Son exécution présente plus d'une difficulté.

On peut se figurer l'éclat d'une pareille pièce exécutée en bronze doré avec parties mates et brunies.

106. — *Dessiner la bobèche* fig. 74. Nous avons donné un dessin particulier de bobèche ; cette partie du chandelier est souvent très-négligée. On y remarquera les rangs de perles, le gorgerin lisse, le renflement composé de cannelures et de feuilles, s'unissant au bras par une perle allongée.

Il sera bon de quadrupler les deux bobèches fig. 74 et 75, pour les étudier en détail.

107. — *Dessiner une bobèche*, fig. 75. Cette bobèche représente une fleur épanouie, dans le centre de laquelle se place la bougie ; au-dessous on voit des feuilles de laurier.

Par ce rapprochement de deux genres si différents, nous avons voulu montrer quelles sont les ressources des dessinateurs qui travaillent pour les fabricants de bronzes riches. Tous les modèles de bobèches que nous avons présentés diffèrent, quoiqu'ils se rapprochent en plusieurs points.

108. — *Dessiner le candélabre* fig. 76. On appelle *candélabre* un *grand chandelier*, ou souvent un *guéridon*, destiné à porter un grand chandelier. Les candélabres antiques avaient au moins deux mètres de hauteur ; nous en avons de très-beaux modèles dans nos musées.

Les candélabres antiques posaient à terre ; les candélabres modernes, au contraire, se placent sur les tables, sur les consoles et sur les cheminées ; ils sont, par conséquent, d'une dimension beaucoup moindre.

La fig. 76 représente un pied fort riche portant une *girandole* de bougies.

La *girandole* est un assemblage de branches de chandeliers. Le mot girandole vient de *girande*, qui signifie amas de jets d'eau ou de fusées tournantes.

Le socle du pied est triangulaire. La fig. 76 ne laisse voir que deux pieds formés par des enroulements ornés de rinceaux et de perles. Ces enroulements appartiennent à des *S* coudées au milieu desquelles est placé un cartouche. Le socle est terminé par un cul-de-lampe garni de godrons. Ce socle soutient une espèce de colonne dont la base appartient au genre fantasque; elle se compose d'un quart de rond formant coussinet et orné d'enroulements, d'une frise unie qui se joint au socle par un filet, deux faces unies et une troisième face avec godrons, sur laquelle se rattachent les *S* et la partie supérieure du cartouche. Le renflement garni de godrons est joint à la base par une baguette entre deux filets, une scotie et son filet. Au-dessus du renflement est un gorgerin lisse surmonté par une couronne de fleurs et de fruits, qui fait culot à un fleuron en feuilles d'acanthe, et de feuilles d'eau allongées d'où sort la tige coupée par un collier servant de support à des feuilles d'eau. Le haut de la tige, terminée par un filet et une baguette, s'évase tout à coup en une surface couverte de godrons avec filet et d'une baguette servant d'intermédiaire à un rétrécissement subit, qui se termine par une scotie surmontée de filets sur lesquels repose la girandole de treize bougies : la figure n'en montre que sept; les autres sont cachées derrière.

Cette figure est fort riche, et pourra être exécutée avantageusement par les élèves en proportions linéaires doubles.

109. — *Dessiner le scabellon* fig. 77. Nous avons parlé du scabellon, qui est une espèce de gaîne, ayant pour motif le support d'un buste, d'une girandole ou d'une pendule.

La forme de ce scabellon est un balustre avec petit chapiteau d'ordre ionique et une guirlande de fleurs appelée *gousse* attachée aux deux volutes.

Sur la face du col se trouve un médaillon ovale avec rosace en losange de feuilles d'acanthe.

Le renflement est décoré de rinceaux en feuilles d'acanthe terminés par des enroulements réunis par une patère au-dessus de laquelle se trouve un culot de feuilles surmonté d'un fleuron.

Au-dessus du balustre est une espèce de coupe enrichie d'oves de feuilles d'eau, et sur laquelle est placée la pendule, motif du scabellon. Cette pendule, de forme gothique, est à cul-de-lampe avec enroulements servant de pieds.

Le balustre est de forme assez peu régulière. Il est tout à fait de fantaisie; il est porté sur un socle à cadre, et soutenu par deux pieds en forme d'*S*, accompagnés de rinceaux et d'enroulements. Dans un cartouche placé entre les pieds se trouve un mascaron de femme avec tresses de cheveux noués sous le menton, et auréole en cannelures.

Au-dessus du cartouche est le pied du balustre, formé de moulures simples avec petit cadre.

Cette figure, d'une jolie forme, peut être doublée dans ses proportions linéaires; les détails en seront mieux sentis.

110. — *Dessiner le panneau de meuble damasquiné* fig. 78. Ce panneau appartenait à un meuble dit *de Boule :* il se compose de deux cadres; le cadre du haut est formé d'une losange avec rosace intérieure se rattachant à des rinceaux.

Le grand cadre est composé de deux *S* renversées ornées de rinceaux d'acanthe.

Au-dessus des grands enroulements se trouvent deux têtes de griffons supportant deux grecques, dont les lignes viennent se croiser entre les deux têtes de griffons, et sont couvertes à leur jonction par une patère en losange.

Au milieu, un culot soutient un fleuron en feuilles. Au-dessous est une coquille au milieu de plates-bandes formant écusson et servant de dessous à un cadre en résilles porté sur un culot renversé.

Cet ornement est gracieux et bien composé; il pourrait s'exécuter en serrurerie fine ou en incrustations de meubles, mais il est beaucoup plus riche en damasquinage.

C'est encore une figure dont on peut avantageusement doubler ou tripler les dimensions linéaires.

111. — *Dessiner le meuble* fig. 79. Ce meuble, de pur or-

nement, est une console riche ayant pour motif un vase placé au-dessus.

Le vase est entouré de rosaces; son rétrécissement est enrichi de feuilles d'eau très-allongées, ses anses sont d'une forme assez remarquable, composées de parties droites et courbées.

Le pied du vase, trop petit, s'élargit sur une base ornée de feuilles d'acanthe. Au-dessous est une baguette en tresse entre deux filets. La frise placée au-dessous est ornée de feuilles et de rinceaux légers. Des baguettes ornées d'oves et de perles avec filets ornent le corps de la console, supporté par des *S* très-allongées et doublement coudées, et par une figure de femme avec ailes servant de support; la tête est entourée d'une coquille formant auréole; le corps et la poitrine sont couverts d'une robe en draperie; les mains sont placées derrière le dos. La figure de femme est une sorte de cariatide de fantaisie dont le corps se termine en gaîne.

Ce meuble est très-joli, et pourra être triplé dans ses dimensions linéaires.

Cette console ne saurait convenir qu'à un palais ou à une galerie.

112. — *Dessiner la barre de feu* fig. 80. Cette barre de feu est très-riche et peut convenir aux cheminées les plus ornées.

Au milieu se trouve un mascaron de femme dont les cheveux en tresse se croisent sous le menton : une coquille est placée comme ornement au-dessus de sa coiffure.

Deux riches enroulements ornés de rinceaux d'acanthe sont terminés par des patères au centre desquelles s'attachent deux rinceaux qui descendent en guirlandes dans les cadres : les deux enroulement sont unis par une plate-bande au-dessous de laquelle est un fleuron renversé.

Les plates-bandes coudées à enroulements, à lignes droites et courbes, sont terminées de chaque côté par une grecque.

Deux très-beaux vases avec perles, oves, cannelures, sont remplis de fleurs; deux guirlandes de fleurs descendent de chaque côté du vase et le relient au reste de la barre en consolidant l'ensemble : au-dessous des vases sont deux coquilles.

Cette pièce riche et de très-bon goût est soutenue aux deux extrémités par des culots formant pieds, et au milieu par deux *S* allongées et ornées de rinceaux.

Une barre aussi riche ne peut être exécutée qu'en bronze doré, mat et bruni.

ARCHITECTURE.

CHAPITRE X.

LES SEPT ORDRES D'ARCHITECTURE.

113. — On appelle ORDRES D'ARCHITECTURE l'ensemble des parties dont se composaient les façades d'édifices dans l'architecture grecque. Ces parties étaient la *colonne* et *l'entablement*.

La *colonne* se compose de trois parties : la *base*, le *fût* et le *chapiteau*.

L'entablement est formé de trois membres principaux : l'*architrave*, la *frise* et la *corniche*.

Les colonnes ont quelquefois un *piédestal :* le piédestal est un massif de construction destiné à servir de soubassement à une statue ou à une colonne. Ce qui distingue le piédestal d'un soubassement ordinaire, c'est qu'il est orné dans le bas d'une *plinthe*, avec moulure, et qu'il est couronné par une *corniche*. La partie du piédestal placée entre la plinthe et la corniche se nomme *dé*.

Ainsi le piédestal se compose de trois parties : d'une *corniche*, d'un *dé* et d'une *plinthe*.

Lors donc qu'une colonne a son piédestal, elle est formée de neuf parties, à savoir de :

1°. L'architrave ;
2°. La frise ;
3°. La corniche de l'entablement ;
4°. Le chapiteau ;

5°. Le fût;
6°. La base;
7°. La corniche;
8°. Le dé;
9°. La plinthe du piédestal;

Le plus ordinairement la colonne n'a que les six premières parties.

114. — Pour se faire une idée juste des ordres d'architecture, il faut remonter aux premiers siècles de la Grèce où l'art était à son enfance.

La colonne avec son chapiteau et sa base n'étaient alors que des pièces de bois arrondies, garnies de liens de fer aux deux extrémités, pour empêcher qu'elles ne se fendissent.

L'entablement se composait de l'*architrave* ou *architrabe*, mot qui signifie exactement maîtresse poutre, parce que l'on plaçait, en travers des colonnes, une grosse poutre sur laquelle reposait le plafond; de la *frise* qui représentait l'extrémité des solives du plafond; de la *corniche* qui figurait les extrémités des chevrons destinés à recevoir la couverture.

Cette explication simple et vraie, reçoit un caractère d'évidence complète dans l'ordre dorique ou les *triglyphes* sont l'image de l'extrémité des solives pressées entre l'architrave et la corniche : les intervalles que l'on nomme *métopes*, représentaient les intervalles laissés entre les solives. En parlant de l'ordre dorique, nous insisterons encore sur ce point, au sujet des têtes de victimes et des faisceaux d'armes qui décoraient les métopes.

L'architecture, en suivant les progrès de la civilisation et le développement des beaux arts, transforma les liens des colonnes en chapiteaux et en base, et en fermant tout à fait l'entablement, conserva les triglyphes et les métopes comme souvenir des anciennes constructions et indiqua nettement l'architrave, la frise et la corniche.

Certains architectes habiles, guidés par l'instinct du goût

et du génie, construisirent des monuments dont toutes les parties parurent dans une harmonie parfaite qui charmait les yeux. On étudia ces proportions, on les imita et on en fit la base de l'enseignement de l'architecture.

L'unité qui sert à exprimer les rapports de toutes les parties d'un édifice entre elles, s'appelle un *module*.

Ce module est une quantité arbitraire qui peut varier selon les idées de l'architecte, dans diverses constructions, mais qui doit rester invariable dans les différentes *cotes* du même édifice. La *cote* est une marque numérique.

Le module est quelquefois le diamètre de la colonne : on le divise en trente parties.

D'autres architectes prennent pour module le demi-diamètre et le divisent également en trente parties.

Quelques-uns partagent le module, quel qu'il soit, en douze parties ou en dix-huit parties qu'ils appellent *minutes*.

L'usage le plus généralement adopté est de choisir pour module le demi-diamètre de la colonne prise à sa base, et de le diviser en trente parties ou minutes.

115. — Vitruve, architecte de Jules César et d'Auguste, nous a laissé un traité d'architecture : c'est le seul traité de ce genre que les anciens nous aient transmis. Le traité de Vitruve fut traduit en français par Guillaume Philander, et dédié à François Ier. Perrault en a donné une traduction en 1694.

Vitruve admet cinq ordres d'architecture :

1°. Le toscan;
2°. Le dorique;
3°. L'ionique;
4°. Le corinthien;
5°. Le composite.

Les architectes qui ont écrit après lui ont admis également cinq ordres.

Il faut, pour être complet, y ajouter l'*ordre de Pæstum* ou *dorique grec*, et l'*ordre rustique*, qui a été employé par d'habiles architectes français des derniers siècles.

Nous distinguerons donc sept ordres d'architecture :

1°. Le toscan;
2°. Le dorique;
3°. L'ionique;
4°. Le corinthien;
5°. Le composite;
6°. Le rustique;
7°. Le Pæstum ou dorique grec.

116. — ORDRE TOSCAN. L'ordre toscan est le plus simple des ordres d'architecture : on lui reproche d'être lourd et de manquer de grâce; ses proportions, selon Vignole, sont :

Colonne et entablement	17 modules	17 parties 1/2.
Colonne, entablement et piédestal	22 modules	5 parties.
Colonne.		
Chapiteau	1 module	2 parties 1/2.
Fût	12 modules.	
Base	1 module.	
Entablement.		
Architrave	1 module.	
Frise	1 module	5 parties.
Corniche	1 module	10 parties.
Piédestal.		
Corniche		15 parties.
Dé	3 modules	20 parties.
Base		15 parties.

117. — Le chapiteau toscan se compose d'un *tailloir* ou *abaque*, et de diverses moulures que nous allons indiquer en remontant du fût de la colonne au haut du chapiteau. On trouve d'abord :

1°. L'*astragale*, petite moulure ou baguette ronde placée au-dessous du *congé* ou *apophyse* (on appelle congé ou apophyse la petite moulure circulaire pratiquée aux extrémités du fût pour adoucir le passage de la ligne verticale du fût à la première moulure de la base du chapiteau;

2°. Le *gorgerin*, espace vide de dix parties de module;

3°. L'*anneau*, petite moulure;

4°. L'*ove*, grande moulure dont le profil est un quart de cercle au rayon d'un quart de module;

5°. Le *tailloir* ou *abaque*, grande moulure d'un tiers de module;

6°. Le *listel*, petite moulure.

118. — L'entablement de l'ordre toscan est simple, et se compose :

1°. De l'architrave et son listel, un module;

2°. De la frise, un module, cinq parties;

3°. De la corniche, un module, dix parties.

La corniche comprend :

Le talon;
Son filet;
Le larmier;
Un filet;
Une baguette;
Un quart de rond.

La colonne toscane éprouve, dans la hauteur de son fût, une *contracture* de treize parties.

On appelle *contracture* le rétrécissement ou la diminution du fût dans les deux tiers supérieurs; le tiers du bas restant sans contracture.

119. — La base de l'ordre toscan se compose :

D'un listel;
D'un tore;
D'une plinthe.

La grandeur de ces trois moulures réunies est d'un module.

Le piédestal comprend :

Un réglet;

Un talon;
Le dé;
Un réglet;
Le socle.

Dans l'ordre toscan, le fût de la colonne, la frise et les autres moulures sont toujours unis et sans ornements.

L'ordre toscan que nous venons de décrire est de la composition de Vignole, d'après les descriptions laissées par Vitruve : nous n'avons aucun monument antique qui nous fournisse une seule colonne toscane en son entier.

120. — ORDRE DORIQUE. Cet ordre dorique est le *dorique romain* qu'il faut bien distinguer de l'ordre *Pæstum* ou *dorique grec*.

L'ordre dorique se rapproche beaucoup du toscan, dont il ne diffère que par des proportions plus élancées et par quelques ornements.

Colonne et entablement.........	20 modules	2 parties 1/2.
Colonne, entablement et piédestal.	25 modules	12 parties 1/2.

Colonne.

Chapiteau....................	1 module	2 parties 1/2.
Fût..........................	14 modules.	
Base.........................	1 module.	

Entablement.

Architrave...................	1 module.	
Frise........................	1 module	15 parties.
Corniche.....................	1 module	15 parties.

Piédestal.

Corniche.....................		15 parties.
Dé...........................	4 modules.	
Base.........................		25 parties.

On voit par ces proportions, comparées avec celles de l'ordre toscan, qu'il n'y a pas une grande différence pour la hauteur.

121. — Le chapiteau dorique a de hauteur un module et deux parties et demie.

Voici les moulures dont l'entablement se compose :

1°. La plate-bande ;
2°. Les gouttes ;
3°. La tringle ou filet des gouttes ;
4°. Les triglyphes dans lesquels on distingue les *canaux* les *côtes* et les *métopes ;*
5°. La bandelette ;
6°. Le talon ;
7°. Les denticules ;
8°. Le larmier ;
9°. Le talon.

La *plate-bande* est une moulure large et carrée ; c'est dans le même sens que l'on appelle plate-bande, dans un jardin, des parties carrées ou rectangulaires séparées des allées par une bordure de buis ou de fleurs.

Les *triglyphes* sont taillés en deux petits canaux ou *glyphes* à anglet ; les deux anglets des deux extrémités équivalent ensemble à un glyphe. Cette coupe à anglets nous paraît encore un souvenir précis des entailles que l'on faisait aux extrémités de la solive pour la parer et pour qu'elle offrît moins de surface au choc des corps étrangers. Un *anglet* est une cavité formant un angle droit.

Toujours le triglyphe est à plomb sur chaque colonne ; dans les monuments antiques d'une belle architecture, l'*entre-colonnement,* c'est-à-dire la distance entre deux colonnes, ne donne place qu'à un triglyphe et à deux métopes. La largeur du triglyphe est égale aux deux tiers de celle de la métope. L'entre-colonnement de l'ordre dorique est d'un diamètre et demi ou de trois modules ; cette ordonnance d'architecture s'appelle *pycnostyle* (ce qui signifie littéralement *colonnes serrées*).

Le triglyphe est terminé dans sa partie inférieure par une

moulure plate nommée *tringle* ou filet des gouttes d'où pendent six gouttes en forme de pyramides.

On appelle *métope* l'intervalle carré entre les triglyphes. Dans l'enfance de l'architecture, la métope était l'ouverture carrée que laissaient entre elles les solives du plancher. On suspendait, dans ces ouvertures, des offrandes aux dieux, et les têtes des victimes afin qu'elles se desséchassent promptement dans le courant d'air. C'est de cet usage qu'est venue l'habitude de décorer la métope de têtes de génisse ou de bélier, dont les cornes sont ornées de bandelettes. On y place aussi des vases à sacrifices, des trépieds, des patères ou des boucliers.

Ainsi ornée, la métope produit un fort bel effet.

On termine l'extrémité de la frise dorique par une demi-métope qui sert à raccorder l'entablement avec les colonnes d'angle dont l'axe doit être perpendiculaire au centre du triglyphe. Dans les propylées d'Athènes et dans le temple de Minerve, la frise des façades est terminée par des triglyphes en porte-à-faux hors de l'axe des colonnes angulaires : cette disposition nous paraît vicieuse et désagréable à l'œil.

Les denticules sont de petites moulures carrées ainsi nommées parce qu'elles ressemblent à des dents espacées.

On appelle *larmier* une moulure de la partie supérieure de la corniche ; cette moulure est carrée et saillante ; le dessous est creusé en forme de petit canal, afin que les eaux pluviales qui couleraient sans cela le long de l'édifice, ne pouvant pas monter dans le canal du larmier, tombent en gouttes à une certaine distance de l'édifice.

122. — Le fût de la colonne dorique éprouve une contracture de dix parties ou d'un tiers de module.

Le fût est ordinairement cannelé.

Les anciens ont toujours employé l'ordre dorique sans base : c'est Vignole qui en a inventé une ressemblant beaucoup à celle de l'ordre toscan, seulement elle a un double filet.

Philibert Delorme, architecte qui a construit les Tuileries, né à Lyon vers le commencement du XVIe siècle, et mort à Paris en 1577, a inventé une base particulière à l'ordre dorique; cette base est d'un joli effet et enrichit la colonne.

Le piédestal a plus d'élévation que dans l'ordre précédent. La corniche a un demi-module et quatre moulures, un filet, un talon, un réglet et un second talon; le dé est de quatre modules au lieu de trois modules vingt parties.

La base du piédestal est de vingt-cinq parties divisée en cinq petites moulures.

123. — Ordre ionique. Cet ordre d'architecture est d'une grande élégance et d'une grande légèreté, il convient à la décoration des façades dans les beaux monuments. Cet ordre est très-riche d'ornements; sa frise s'embellit d'oves, de langues de serpent, de feuilles d'acanthe.

Colonne et entablement.........	22 modules	15 parties.
Colonne, entablement et piédestal.	28 modules	15 parties.

Colonne.

Chapiteau..............................		23 parties 1/3.
Fût........................	16 modules	6 parties 2/3.
Base........................	1 module.	

Entablement.

Architrave.......................	1 module	7 parties.
Frise........................	1 module	15 parties.
Corniche......................	1 module	23 parties.

Piédestal.

Corniche..............................		15 parties.
Dé........................	5 modules.	
Base..............................		15 parties.

On voit que l'ordre ionique a près de cinq modules de plus que l'ordre toscan, et deux modules environ de plus que l'ordre dorique.

124. — Le chapiteau de l'ordre ionique mérite une attention particulière, à cause de ses volutes qui le distinguent complétement des autres ordres.

On a donné au chapiteau ionique une origine analogue à celle des cariatides ; quelques auteurs anciens ont dit que cet ordre d'architecture a été inventé pour perpétuer le souvenir de la captivité des Cariens, et que les volutes de son chapiteau figuraient les cheveux enroulés sur les tempes des femmes de Carie.

Cette origine paraît fabuleuse ; il est bien plus raisonnable de supposer que les deux coussinets de l'ordre ionique figurent une bande de l'écorce flexible du bouleau qu'on aurait roulée aux deux extrémités ; la partie extérieure de l'écorce se trouvant au dedans du rouleau. Les extrémités du coussinet formeraient ainsi ce qu'on nomme les *volutes*. Ces volutes ont chacune trois circonvolutions arrêtées au centre par un petit fleuron qu'on appelle l'*œil de la volute*.

La partie extérieure de chaque volute a la forme de balustre et en prend le nom.

Le chapiteau ionique a des volutes de vingt-trois parties un tiers dans leur plus grande largeur ; mais comme les volutes descendent au-dessous de l'astragale de huit parties et un tiers, il en résulte réellement que le chapiteau a plus d'un module de hauteur.

Un inconvénient assez grave se trouve dans l'emploi du chapiteau ionique ; c'est que deux de ses côtés parallèles ne ressemblent pas aux deux autres.

Lorsqu'une colonne d'ordre ionique se trouve à l'angle d'un péristyle, et correspond ainsi à deux rangs de colonnes perpendiculaires entre elles, la régularité se trouve détruite. Des architectes modernes ont cherché à remédier au mal en inventant un chapiteau particulier qu'ils ont nommé *ionique moderne* dans lequel le coussinet manque ; mais cette innovation est loin d'être heureuse, et elle est réprouvée par les hommes d'un goût pur.

125. — La base attique de l'ordre *ionique* est d'une forme agréable ; elle était généralement employée chez les anciens ;

elle est de beaucoup préférable à celle que Vignole a donnée d'après Vitruve.

On appelle *attique* un petit ordre d'architecture qu'on emploie comme transition au-dessus d'un grand ordre, ou un petit étage qu'on place au-dessus d'un plus grand.

La base attique se compose :

D'un socle;
D'un tore et de son filet;
D'une scotie;
D'un filet;
D'un tore;
D'un réglet.

Le second tore est plus petit que le premier, en longueur et en largeur, ce qui constitue l'attique ionique.

La base de l'ordre dorique, de Philibert Delorme, ne diffère de l'attique de l'ordre ionique, que parce que le second tore est placé entre deux réglets, et que les trois petites moulures sont égales, tandis que dans l'attique ionique, les deux filets inférieurs sont la moitié du réglet supérieur.

126. — Le fût de la colonne ionique est cannelé. On trouve des exemples du contraire; mais alors le fût uni n'est pas en harmonie avec les ornements du chapiteau qui se composent d'oves, de langues de serpent, de rinceaux.

C'est principalement à l'ordre ionique qu'appartiennent les denticules de la corniche. Les denticules sont surmontées d'un quart de rond orné également d'oves et de langues de serpent.

Le piédestal est plus élevé que dans les deux ordres précédents; il a six modules, à savoir :

Un demi-module pour la corniche composée de quatre petites moulures et de deux plus grandes;

Cinq modules pour le dé;

Un demi-module, pour la base, qui a trois petites moulures et deux plus grandes.

127. — Ordre corinthien. L'ordre corinthien est le plus svelte, le plus élégant et le plus riche des ordres d'architecture. Il se distingue particulièrement par son chapiteau et par les modillons de sa corniche.

Colonne en entablement........	25 modules.
Colonne, entablement et piédestal.	31 modules 20 parties.

Colonne.

Chapiteau....................	2 modules 10 parties.
Fût..........................	16 modules 20 parties.
Base.........................	1 module.

Entablement.

Architrave...................	1 module 15 parties.
Frise........................	1 module 15 parties.
Corniche.....................	2 modules.

Piédestal.

Corniche.....................	24 parties.
Dé...........................	5 modules 6 parties.
Base.........................	20 parties.

Cet ordre a deux modules et demi de plus que l'ordre ionique, près de cinq modules de plus que l'ordre dorique, et sept modules et demi environ de plus que l'ordre toscan.

128. — Le chapiteau corinthien a la forme la plus gracieuse. Voici l'origine qu'on lui suppose, d'après le récit de Vitruve :

« Une jeune fille de Corinthe, d'une beauté remarquable, vint à mourir peu de temps avant son mariage. Sa nourrice désolée renferma, dans un panier, plusieurs petits vases que la jeune fille avait affectionnés pendant sa vie; pour empêcher que les pluies ne gâtassent les vases, elle recouvrit le panier d'une large tuile et le posa sur le tombeau. Le hasard voulut que, sous le panier, se trouvât une racine d'acanthe. Lorsque le printemps survint, la racine d'acanthe poussa et entoura de ses feuilles et de ses tiges l'extérieur du panier; mais la plante, trouvant les coins de la tuile, se recourba sur elle-même et forma des volutes. Le sculpteur Callimaque, passant auprès de ce tombeau, vit ce panier et admira beaucoup l'heureuse disposition des feuilles d'acanthe. Cette forme lui plut tellement qu'il l'imita dans le chapiteau des colonnes qu'il construisit depuis à Corinthe. »

La hauteur du chapiteau est de deux modules et treize parties un tiers, répartis ainsi qu'il suit :

L'*astragale*, trois parties un tiers ;

Le *tambour*, *vase*, *cloche* ou *panier*, car on lui donne tous ces noms, deux modules ;

Le *tailloir* ou *abaque*, dix parties.

Le tambour est toujours recouvert d'un double rang de feuilles. Chaque rang est composé de huit feuilles. Les feuilles prennent naissance au-dessus de l'astragale ; le premier rang s'élève au tiers, et le second rang aux deux tiers du tambour. Le troisième rang contient huit volutes ou *hélices*, qui prennent naissance dans des *cornets* ou *caulicoles* dont la partie inférieure est placée derrière les feuilles. De chaque cornet sortent deux tiges ou rinceaux, dont l'un, plus petit, s'élève jusqu'au milieu du tailloir, et dont l'autre, plus grand, arrive à l'angle du tailloir; de telle sorte que les rinceaux les plus petits se réunissent au milieu de chaque face, et que les rinceaux les plus grands soutiennent les angles du tailloir.

Un petit ornement en forme de rose ou de patère occupe le centre de chacune des faces et surmonte les petites hélices.

Les feuilles dont ce chapiteau est décoré sont les *feuilles d'acanthe* ou *de persil*; les Romains substituèrent plus tard les *feuilles d'olivier* aux feuilles d'acanthe.

129. — La corniche de l'ordre corinthien mérite aussi de fixer l'attention.

Le larmier est orné en dessous de belles rosaces placées dans des carrés formés par des rais de cœur en feuilles d'eau; ces carrés se nomment *caissons*. Il est soutenu par les MODILLONS, espèce de console ou *S* inclinée ornée de rosaces et de rinceaux d'acanthe.

Le quart de rond au-dessous du larmier est orné d'oves, de langues de serpent et de feuilles d'acanthe aux angles ; il est supporté par un petit tore orné de perles allongées.

L'architrave se compose d'une cimaise, d'une première, d'une seconde et d'une troisième face ; ces faces sont séparées par des moulures plus petites.

On appelle *faces*, en architecture, des moulures plates que l'on nomme souvent *bandes*.

130. — La base de la colonne est plus compliquée que celle de l'ordre ionique.

Les deux tores sont séparés par des petites moulures formant saillie, en sorte que ce sont, pour ainsi dire, trois tores distincts. Il fallait que la base correspondît au reste de la colonne.

Le piédestal a quelquefois sept modules ;

La corniche a un module ;

Le dé cinq modules, dix parties ;

La base vingt parties ;

La corniche a sept moulures, dont les deux dernières sont séparées des autres par une plate-bande : la base a six moulures.

131. — Ordre composite. L'ordre composite est une invention romaine ; il a les mêmes proportions que l'ordre corinthien. Il ne diffère que par le chapiteau, qui est un mélange des chapiteaux ionique et corinthien. Cet ordre a conservé du chapiteau corinthien l'astragale, le tambour, deux rangs de feuilles et les tigettes ; mais, au lieu de volutes, on trouve des rosaces. Il a pris au chapiteau ionique les quatre volutes et les ornements.

En comparant l'ordre ionique et l'ordre corinthien partie par partie sur la planche de l'atlas, on verra les différences peu importantes qu'ont subies les parties de l'*entablement*, de la *base* et du *piédestal;* ainsi, l'architrave n'a que deux faces au lieu de trois comme dans l'ordre corinthien ; les ornements de la corniche ne sont pas les mêmes et n'occupent pas la même place; il en est ainsi de la base, qui est une attique. Nous n'insisterons pas sur ces différences, qui n'ont pas été observées très-scrupuleusement par les architectes anciens ni par les architectes modernes. Les plus beaux monuments antiques présentent des variations assez grandes dans les moulures et dans les ornements d'un même ordre; mais les proportions sont observées avec plus d'exactitude, et se rapportent aux principes que nous avons posés d'après Vignole et les meilleurs maîtres.

Colonne et entablement......... 25 modules.
Colonne, entablement et piédestal. 31 modules 20 parties.

Colonne.

Chapiteau..................... 2 modules 10 parties.
Fût........................... 16 modules 20 parties.
Base.......................... 1 module.

Entablement.

Architrave.................... 1 module 15 parties.
Frise......................... 1 module 15 parties.
Corniche...................... 2 modules.

Piédestal.

Corniche.............................. 24 parties.
Dé............................ 5 modules 6 parties.
Base.................................. 20 parties.

132. — Ordre rustique. L'ordre rustique est revêtu de *rudentures*, de *bossages*, de *vermiculures* et de *congélations*.

On appelle *rudentures* les moulures en forme de canne ou roseau, dont on remplit les cannelures des colonnes jusqu'au tiers de leur hauteur totale.

Les baguettes et les rudentures des colonnes sont souvent ornées de *rubans tortillés sculptés*.

La magnifique fontaine du Jardin du Luxembourg, qui est un chef-d'œuvre d'architecture, a de très-belles colonnes d'ordre rustique ornées de congélations et de rudentures.

Les architectes du siècle de Louis XIV ont beaucoup employé cet ordre, moins solennel et moins majestueux que l'ordre corinthien ou l'ordre composite, et qui par conséquent se prête mieux à l'ornement de certains édifices.

Les bossages employés dans l'ordre rustique sont des *bossages taillés*. On appelle *bossage* (bosse) toute saillie sur la surface plane d'un ouvrage de pierre ou de bois.

Ces bossages résultent d'un tambour plus large et en surplomb sur un tambour plus étroit. Ils doivent être semblables, égaux et également éloignés. Le chanfrein des bossages est taillé en simple biseau; quelquefois il est arrondi, ou bien il est orné d'une moulure. On appelle *chanfrein* la petite surface que l'on forme en abattant l'arête d'une pierre ou d'une pièce de bois.

Comme les bossages sont un ornement lourd, on en diminue la pesanteur apparente par un *travail vermiculé;* c'est un ornement ainsi nommé parce qu'il imite la dégradation qu'éprouverait une pierre entamée par des vers qui se creuseraient des routes sur sa surface. On emploie le même artifice avec les étoffes lourdes de soie ou de satin, dont on moire la superficie.

Quelquefois on charge les bossages de colonnes destinées à la décoration des fontaines, de *congélations* ou ornements qui imitent l'effet produit par de l'eau qui se congèlerait pendant l'hiver en coulant le long d'une colonne.

Quoique l'ordre rustique emprunte les triglyphes à l'ordre dorique, ses proportions ne sont pas les mêmes, parce qu'on prend le module sur le bossage inférieur, ce qui donne à la colonne entière plus d'élévation et la rapproche beaucoup de l'ordre ionique pour la hauteur. Il faut ajouter aussi qu'on est moins sévère sur les proportions exactes de l'ordre rustique, car il s'agit surtout d'éviter la lourdeur apparente de son fût, garni de bossages vermiculés ou à congélations.

133. — ORDRE DORIQUE GREC OU ORDRE DE PÆSTUM. Cet ordre n'est pas mentionné dans les œuvres de Vitruve, quoiqu'il soit bien antérieur à cet architecte.

On doit supposer qu'il était tombé en désuétude au temps de Vitruve; sans cette circonstance, l'omission faite par l'architecte d'Auguste serait inexcusable.

Ce fut seulement au milieu du XVIIIe siècle, vers l'an 1756, que l'on retrouva cet ordre d'architecture dans la Calabre, sur le sol qu'avait occupé autrefois l'ancienne ville de Pæstum. Le temple de Minerve, à moins de quarante myriamètres de Rome, appartient à cet ordre d'architecture, ainsi que plusieurs autres temples fort bien conservés.

M. Leroi, architecte et membre de l'Académie des Inscriptions, contribua beaucoup à faire reconnaître cet ordre d'architecture, que l'on appela d'abord *ordre de Pæstum,* du lieu où il a d'abord été retrouvé, mais que l'on peut appeler aussi *ordre dorique grec*, pour le distinguer de l'ordre dorique ordinaire ou *ordre dorique romain.*

Voici les proportions de l'ordre dorique grec relevées d'après le temple de Minerve, dans l'Acropole; d'après les Propylées et le temple de Thésée, qui appartiennent au beau siècle de Périclès.

La colonne d'ordre dorique grec n'a pas de base : son fût porte immédiatement, comme on le voit dans la fig. 86, sur un soubassement de trois assises en retraite ou petites marches.

Le fût de la colonne est de cinq fois et un huitième le plus grand diamètre au bas de la colonne : il a donc dix modules de hauteur et sept parties et demie.

La surface de la colonne est ornée de dix-huit cannelures à vive arête.

Le fût n'a pas de renflement, mais il a une réduction au sommet de treize parties de module.

Le chapiteau a vingt-quatre parties et demie de module; il se compose :

De cinq *filets* en saillie l'un au-dessous de l'autre;

D'une *échine* dont le profil n'est pas un quart de rond,

comme l'ont fait quelques constructeurs ignorants, mais une courbe rappelant le profil d'une coupe ou d'une patère;

Enfin, d'un *tailloir* simple dont l'épaisseur est de onze parties de module;

L'échine à neuf parties, et les cinq filets réunis deux parties et demie;

Quelquefois les filets ne sont qu'au nombre de trois, et le chapiteau n'a que vingt parties ou deux tiers de module.

Comme ce chapiteau serait un peu écrasé, on y réunit une portion du fût de la colonne, qu'on coupe par un filet en creux à cinq ou six parties de module au-dessous des filets qui servent de base au chapiteau proprement dit, dont la beauté consiste principalement dans la grâce et la hardiesse de la courbe du profil de l'échine.

La frise du dorique grec est ornée de triglyphes et de métopes.

Cet ordre ne peut se passer de cannelures à vive arête, qui corrigent la lourdeur du fût.

La fig. 88 représente un dorique grec retrouvé dans des monuments anciens. C'est un intermédiaire entre le Pæstum ancien et le dorique romain.

En les comparant, on reconnaîtra une différence notable dans la corniche et dans la frise. Le fût de la fig. 88 ne diminue que dans les deux tiers supérieurs, comme dans les cinq ordres de Vitruve, tandis que le fût de la fig. 86 est déterminé dans son profil par deux lignes droites. La fig. 88 a un piédestal assez simple, dont le dé est un cube et la base une simple assise.

Nous préférons le dorique grec de la fig. 86, qui est le véritable ordre de Pæstum dans sa simplicité naturelle. On comprend néanmoins que, selon les circonstances, il puisse être modifié, et le modèle de la fig. 88 s'applique alors assez heureusement comme alliance et intermédiaire avec les autres ordres.

134. — *Copier la colonne d'ordre toscan* fig. 81. L'élève

trace une verticale, qui indiquera le milieu de l'entablement, de la colonne et du piédestal. Sur sa verticale il marquera dix-sept modules et dix-sept parties et demie. Rien n'est plus facile que de marquer les modules, puisque le module est l'unité donnée et en rapport avec le monument auquel doit s'appliquer la colonne.

Avec une ouverture de compas égale à un module, on trouvera facilement les dix-sept modules. Pour les dix-sept parties et demie, on prendra un demi-module ou quinze parties, et ensuite le septième des quinze parties, ce qui donnera deux parties et un septième ; en forçant légèrement trois fois le septième, on obtiendra un demi ou à très-peu de chose près.

On pourrait avoir exactement dix-sept parties en divisant le module en trois portions égales : un tiers serait de dix parties ; pour avoir les sept parties et demie qui restent, on diviserait le module de trente parties en quatre portions égales ; le quart serait de sept parties et demie.

Il est indispensable de faire remarquer que la plus grande précision est indispensable lorsqu'il s'agit de tracer le travail aux ouvriers. Ainsi, supposons une colonne d'ordre toscan dont le module doit être de $\frac{1}{2}$ mètre ou 50 centimètres, la colonne entière aura 17 fois 50 centimètres, plus 17 fois la trentième partie de 50 centimètres, plus la soixantième partie de 50 centimètres ; c'est-à-dire 8 mètres 50 centimètres pour les 17 modules, plus 28 centimètres pour les 17 parties, plus 8 millimètres pour la moitié d'une partie ; en total, 8 mètres 788 millimètres, ou 8 mètres 79 centimètres en forçant l'unité, ou 8 mètres 78 centimètres en négligeant les millimètres.

Mais, lorsqu'il s'agit de tracer sur le papier une colonne dont le module doit être de 2 centimètres, les 17 modules produisent 3 décimètres et 4 centimètres ; les 17 parties sont de 11 millimètres ; mais, la moitié d'une partie ne donnant plus que trois dixièmes de millimètre, est une quantité inappréciable dans l'application.

Telle est la distinction qu'il faut établir entre l'*épure ou dessin* et le *tracé aux ouvriers*.

Nous demandons dans les dessins autant d'exactitude qu'il est possible ; mais le scrupule du dessinateur ne doit pas aller jusqu'aux fractions de parties.

Perpendiculairement à la verticale, on tracera au pied de cette ligne une horizontale à 1 module au-dessus ; avec le té on tracera une parallèle qui marquera la base de la colonne ; on en tracera une autre à 12 modules au-dessus pour indiquer le chapiteau, qui doit avoir 1 module plus 2 parties $\frac{1}{2}$. La partie supérieure de la verticale est destinée à l'entablement ; les trois nouvelles horizontales comprendront une hauteur de 1 module pour l'architrave, de 1 module 5 parties pour la frise, de 1 module 10 parties pour la corniche.

Si l'on ajoute un piédestal, il aura 4 modules et 20 parties ; on tracera trois parallèles horizontales pour en indiquer les dimensions.

On voit donc que le premier travail à faire est de tracer la verticale, et de la diviser par des horizontales pour avoir les hauteurs des diverses parties. On divise ensuite le fût de la colonne en trois parties égales ; le tiers du fût inférieur est formé par deux parallèles. La contracture de l'ordre toscan étant de 13 parties, il sera facile de tracer le reste du fût en diminuant chaque rayon supérieur de 6 parties $\frac{1}{2}$.

Une fois que les masses sont indiquées, il ne s'agit plus que de dessiner les détails.

135. — *Dessiner la colonne d'ordre dorique* fig. 82. La verticale doit avoir 25 modules et $\frac{1}{3}$; dans le dessin il est impossible de tenir compte des 2 parties $\frac{1}{2}$.

L'élève commencera par séparer 5 modules 10 parties dans le bas pour son piédestal, 16 modules environ pour la colonne, et le reste pour l'entablement. Ce reste, vérifié sur l'échelle de proportion, doit être de 4 modules.

Il faut toujours avoir la précaution de mesurer d'abord la

hauteur du piédestal, la hauteur de la colonne et la hauteur de l'entablement.

Lorsque ces hauteurs sont exactes, on les subdivise; mais on est sûr que les petites erreurs qui seraient commises n'auront lieu que dans les parties de ces trois grandes divisions.

Il en serait tout autrement, si l'on commençait à prendre les hauteurs partielles de la base, du dé, de la corniche, de la base de la colonne, du fût et du chapiteau; les erreurs de mesurage porteraient toutes sur l'entablement.

Le dessin de l'ordre dorique exige du soin à cause des denticules, des triglyphes et des moulures plus compliquées de la corniche, du chapiteau et du piédestal.

136. — *Dessiner la colonne d'ordre ionique* fig. 83. On se rappelle que la verticale doit avoir 28 modules $\frac{1}{2}$: on séparera, par trois horizontales, le piédestal de 6 modules, la colonne de 18 modules et l'entablement de 4 modules $\frac{1}{2}$.

Il existe une proportion entre les diverses parties de la colonne qui se trouve très-exacte dans l'ordre ionique, et qui ne s'écarte que très-peu dans les autres ordres, comme il sera bon et utile de le faire constater par les élèves.

Si l'on représente la colonne ionique par l'unité, l'entablement est représenté par $\frac{1}{5}$ et le piédestal par $\frac{1}{4}$; d'où l'on tire la formule $1 + \frac{1}{4} + \frac{1}{5}$.

Lorsqu'on dessine des colonnes de 2 à 4 décimètres de hauteur, il n'y a pas d'inconvénient à appliquer la formule $1 + \frac{1}{4} + \frac{1}{5}$ à tous les ordres, excepté à l'ordre dorique grec. Dans le tracé à faire aux ouvriers, il faut conserver la pureté des proportions; on est malheureusement trop disposé à s'en écarter, pour éviter un petit travail d'échelle de proportion.

Les volutes doivent être exécutées avec soin et avec goût. Pour le tracé aux ouvriers, on trouvera dans le *Vignole des Ouvriers* et dans tous les ouvrages du même genre une petite construction géométrique très-simple.

137. — *Dessiner la colonne d'ordre corinthien* fig. 84. Cette

colonne, plus élancée que les autres, a 31 modules 20 parties, que l'on tracera sur une verticale.

La formule $1 + \frac{1}{4} + \frac{1}{3}$ s'applique exactement à l'ordre corinthien et à l'ordre composite ; en effet, la colonne a 20 modules, l'entablement ou le $\frac{1}{4}$ est de 5 modules, et le piédestal ou le $\frac{1}{3}$ est de 6 modules 20 parties. Le total est bien de 31 modules 20 parties.

Cette colonne demande beaucoup d'attention ; nous engageons les maîtres à faire copier d'abord le modèle fig. 84 tel qu'il est. Pour en augmenter les dimensions, il faut avoir dessiné préalablement les fig. 93, 94 et 96, qui entrent dans des détails sur le chapiteau et sur l'entablement.

Tous les ordres, à l'exception du toscan, admettent des cannelures. Si nous ne les avons pas indiquées dans les fig. 82, 83 et suivantes, c'est qu'elles auraient jeté de la confusion dans cette planche, qui aurait paru ombrée ; ainsi, en copiant les dessins de la 10e planche, on fera bien de ne pas indiquer de cannelures ; mais, lorsqu'on aura copié les fig. 89 et suivantes, jusqu'à la fig. 99 inclusivement, on pourra doubler les proportions et copier alors les détails de l'entablement et du chapiteau, et tracer les cannelures.

138. — *Dessiner la colonne d'ordre composite* fig. 85. Cette colonne est de la même proportion que la colonne corinthienne ; son chapiteau a une forme toute particulière, que l'on distinguera facilement en comparant les fig. 94 et 95. Nous n'avons aucune recommandation particulière à faire sur ce dessin.

139. — *Dessiner la colonne d'ordre rustique* fig. 87. Sur la verticale on portera 25 modules $\frac{1}{2}$, pris sur le bossage inférieur ; cette proportion est convenable. On peut prendre aussi 28 modules $\frac{2}{3}$ du fût inférieur, savoir : 18 modules pour la colonne, 4 modules 20 parties pour l'entablement, et 6 modules pour le piédestal.

On pourra vermiculer les bossages, en imitant le dessin de

robes dit *vermichel;* cet ornement convient mieux sur une colonne d'une grande échelle. Il faudrait indiquer cet ornement avec beaucoup de légèreté, pour qu'il ne fît pas tache, surtout si la colonne est de la hauteur du modèle fig. 87.

140. — *Dessiner la colonne d'ordre dorique grec* fig. 88. Le module des ordres précédents est de 7 millimètres. Dans cette figure, le module est de 1 centimètre ; cette différence de module est inhérente au caractère de la colonne, qui est d'une forme plus massive que les autres.

Voici les proportions de l'ordre dorique grec de la fig. 88 :

Colonne, entablement et piédestal. 18 modules 20 parties.

Colonne.

Chapiteau		20 parties.
Fût	10 modules	10 parties.
Base		10 parties.

Entablement.

Architrave	1 module	15 parties.
Frise	1 module	15 parties.
Corniche	1 module.	

Piédestal.

Corniche		15 parties.
Dé	2 modules	5 parties.
Base		20 parties.

L'échine demande à être dessinée avec intelligence, car cette courbe, qui représente le profil d'une patère, n'est pas assujettie à un tracé de compas ; elle exige, par conséquent, de la main et du goût. Si, après avoir tracé la partie à droite de la courbe, on se trouvait trop embarrassé pour exécuter la partie identique à gauche, on calquerait la courbe à droite sur un papier végétal, et il n'y aurait plus qu'à le porter à gauche en le retournant.

141. — *Dessiner la colonne d'ordre dorique grec ou de*

Pæstum fig. 86. On élève une verticale que l'on divise en 13 modules, divisés ainsi qu'il suit :

Colonne.

Les trois assises..........	1 module	5 parties.
Le fût....................	8 modules.	
Le chapiteau..............		15 parties.

Entablement.

L'architrave.............	1 module	10 parties.
La frise.................	1 module	10 parties.
La corniche..............		20 parties.

Quelques auteurs ont donné les dimensions suivantes, tirées des colonnes du temple de Minerve :

Colonne.

Les trois assises..........	1 module	20 parties.
Le fût....................	10 modules	7 parties 1/2.
Le chapiteau..............		24 parties 1/2.

Entablement.

L'architrave.............	1 module	14 parties.
La frise.................	1 module	14 parties.
La corniche..............	1 module.	

Ce sera un très-bon exercice que de copier d'abord la colonne fig. 86, et de la refaire ensuite d'après les dernières proportions : on jugera quel est celui des deux modèles qui plaît le plus à l'œil.

L'ordre de Pæstum est un peu lourd sans doute, mais dans plusieurs circonstances il est très-bien placé et produit un bel effet.

CHAPITRE XI.

DÉTAILS SUR LES ORDRES D'ARCHITECTURE.

142. — *Dessiner l'entablement d'ordre dorique* fig. 89.

L'entablement, comme on le sait, a pour objet de lier entre elles les colonnes d'un portique, et de servir de base aux constructions supérieures. Quelquefois on applique comme ornement l'*architrave*, la *frise* et la *corniche,* au haut d'un simple mur, ou bien on les place à l'extérieur d'une maison pour suppléer à la *corniche de couronnement*, ou dans l'intérieur pour suppléer à la *corniche d'appartement.*

On appelle *corniche de couronnement* la corniche qui termine une façade et qui porte l'égout du comble.

La fig. 89 représente l'entablement et une partie de la colonne : le fût de la colonne est orné de cannelures à vive arête. L'ordre dorique est le seul qui comporte la cannelure à vive arête. Dans l'ordre ionique, l'ordre corinthien ou l'ordre composite, chaque cannelure est séparée de celle qui la suit par un listel; on appelle ces sortes de cannelures *cannelures à côtes.*

L'ordre dorique grec a nécessairement aussi la cannelure à vive arête, et l'on ne saurait l'en dépouiller sans lui ôter son caractère propre.

Voici les détails de l'entablement dorique de la fig. 89, selon Vignole :

a, bandelette;
b, talon;
c, denticules;
d, larmier;
e, talon ou petite cymaise;
f, filet;
g, cavet;

h, réglet;
K, métope;
L, demi-métope;
M, canaux et demi-canaux;
N, bandelette ou tringle;
O, côtes;
P, plate-bande;
Q, gouttes.

Le chapiteau de la colonne comprend :

(1) Filet;
(2) Talon;
(3) Tailloir;
(4) Quart de rond;
(5) Trois filets;
(6) Gorgerin;
(7) Astragale;
(8) Ceinture.

143. — *Dessiner l'entablement de l'ordre ionique* fig. 90.

L'entablement de l'ordre ionique est riche d'ornements; il comprend, en descendant de l'entablement au fût :

Un réglet (*a*);
Une grande cymaise (*b*);
Un filet (*c*);
Un talon orné de rais de cœur (*d*);
Un larmier (*e*). La mouchette pendante du larmier est en saillie, à cause des eaux pluviales;
Un quart de rond avec des oves et des langues de serpent (*f*);
Une baguette ornée de perles allongées (*g*);
Un filet (*h*);
Des denticules (*i*);
Un talon orné de rais de cœur (*k*).

L'intervalle des denticules est un *metoche* ou *météché*. Pour diminuer la longueur des denticules, on fait sur le métoche une petite face qui a pour saillie la moitié du denticule.

La frise (*l*) qui est au-dessous est unie dans la fig. 90; mais on peut l'orner de rinceaux, de candélabres, de griffons, etc., etc.

L'architrave comprend :

Un réglet (*m*);
Un talon orné de trèfles (*n*), et trois faces (O O' O'') qui vont en diminuant de hauteur.

Le chapiteau comprend :

Le filet de l'abaque ou tailloir (*p*);
Un talon orné (*q*);
Le listel de la volute (*r*);
Au-dessous duquel se trouve le *canal* et la *face continue*.
Deux volutes ayant chacune trois circonvolutions (chaque volute est terminé au centre par un petit cercle appelé *œil de la volute*);
Un quart de rond orné d'oves et de langues de serpent;
Une baguette (*t*) et un *filet* (*x*).

Le fût est orné de 24 cannelures creusées en demi-cercle et séparées par une côte du tiers de la largeur de la cannelure.

144. — *Dessiner le profil du chapiteau* fig. 91. La partie extérieure de chaque volute a la forme d'un balustre composé de deux *coussinets* (*a a*) placés au-dessous du tailloir. La volute, dont la plus grande largeur est de 23 parties, est en saillie sur le fût de la colonne de 18 parties $\frac{1}{3}$.

La volute ionique est engendrée par quatre parties de cercle dont les centres sont appelés *ancônes*.

On trouve dans l'architecture des XVIIe et XVIIIe siècles le chapiteau *ionique moderne*, dont nous avons dit un mot plus haut, § 124. Ce chapiteau n'a pas de coussinet : le tailloir composé d'un talon, d'un filet et d'un congé, a 12 parties de module.

Le tailloir, au lieu d'être carré, comme il l'est toujours dans les ordre toscan, dorique et ionique ancien, est à pans coupés. Dans le vide formé par l'échancrure du tailloir, s'élève un fleuron de chacun des côtés duquel sort un rinceau en volute de trois circonvolutions, avec un œil au centre. Les rinceaux vont se réunir deux à deux aux quatre angles du chapiteau et forment des espèces de volutes telles qu'on les voit dans le chapiteau ionique ancien. Des guirlandes de fleurs ou de fruits qu'on nomme *gousses,* sont attachées au dos de chaque volute. On trouve un grand nombre de colonnes d'ordre ionique moderne, dans les hôtels construits depuis un siècle.

145. — *Dessiner la base attique* fig. 92. Au-dessous de la ceinture (*a*), qui fait partie du fût, on voit :

Le tore supérieur (*b*);
Le listel (*c*);
La scotie (*d*);
Le listel (*e*);
Le tore inférieur ou gros tore (*f*);
La plinthe (*g*).

Cette base est d'une forme très-élégante; nous n'en avons représenté que la moitié, les élèves feront bien de la compléter.

146. — *Dessiner la* fig. 93. Cette figure représente l'origine du chapiteau corinthien, d'après le récit de Vitruve, que nous avons cité § 128.

On voit ici le panier qui représente le *tambour,* la tuile ou pierre fermant le panier, et qui représente le *tailloir;* les *feuilles d'acanthe* ont poussé tout autour, l'une d'elles, arrivée à un angle de la tuile, retourne déjà sur elle-même en forme d'*hélice.*

Les élèves copieront cette figure, en conservant bien à la feuille d'acanthe son caractère et sa forme; ils peuvent, s'ils le jugent convenable, disposer les feuilles de manière à imiter davantage la fig. 94; mais nous avons préféré laisser plus de liberté et de naturel au développement des feuilles d'acanthe.

147. — *Dessiner le chapiteau corinthien* fig. 94. Le chapiteau corinthien mérite une étude particulière, par la multiplicité et la richesse de ses ornements; nous y ferons remarquer :

(1) Le quart de rond;
(2) Le filet;
(3) La face du tailloir;
(4) La lèvre du vase;
(5) La volute;
(6) Les caulicoles. Les *caulicoles* ne sont pas les feuilles; c'est la partie du chapiteau, en forme de tigette et de cornet, d'où naissent les *volutes* et les *helices* ou volutes du milieu.
(7) Les grandes feuilles;
(8) Les tigettes. Ce sont les cornets cannelés que l'on aperçoit au milieu de la figure.
(9) Les petites feuilles;
(10) L'astragale;
(11) La ceinture.

Vitruve ne donne que deux modules de hauteur au chapiteau corinthien; mais Vignole, et Perrault, architecte du Louvre, ont ajouté $\frac{1}{3}$ de module qui donne au chapiteau beaucoup de grâce et de légèreté. Quant à la distance des feuilles, nous l'avons indiquée au § 128, qu'il faut relire.

Le fond du vase qui sert d'appui aux feuilles, aux caulicoles et aux volutes, doit avoir le même diamètre que le haut du fût de la colonne, et rentrer en s'arrondissant dans l'astragale.

148. — *Dessiner l'entablement de l'ordre corinthien* fig. 95.
L'entablement de l'ordre corinthien comprend :

(1) Le réglet;
(2) La cymaise;
(3) Le filet;
(4) La petite cymaise ornée de rais de cœur;
(5) Le larmier;
(6) Le talon orné de rais de cœur;
(7) Le profil des modillons;
(8) La face du fond des modillons;
(9) Quart de rond orné d'oves et de langues de serpent;
(10) La baguette ornée de perles allongées;
(11) Le larmier denticulaire et le filet ou fond des denticules;
(12) Le talon orné de trèfles;
(13) La baguette ornée de perles allongées;
(14) La frise;
(15) Le réglet;
(16) Le talon orné de trèfles riches;
(17) La baguette ornée de perles allongées;
(18) La grande face, ou troisième;
(19) Le talon orné de rais de cœur;
(20) La face du milieu, ou deuxième;
(21) La baguette ornée de perles;
(22) La petite face, ou première.

Les élèves feront bien, non-seulement de copier l'entablement, mais encore d'y joindre la colonne et le piédestal. Voici le calcul qu'ils feront pour choisir la feuille de papier. Ils mesureront l'entablement fig. 95, qui a 67 millimètres de hauteur, et qui est représenté par $\frac{1}{4}$ dans la formule que nous avons indiquée plus haut, $1 + \frac{1}{3} + \frac{1}{4}$, ils trouveront 1 en répétant quatre fois 67 millimètres, ce qui leur donnera pour la colonne 268 millimètres. On aura la base en prenant le tiers de

268 ou 89 millimètres environ. La longueur très-approchée de la colonne entière serait donc de 67 + 89 + 268 = 424, ou de 4 décimètres, 2 centimètres et 4 millimètres. Or, le *carré*, qui est le plus petit papier à dessin, a 530 millimètres de hauteur; donc il suffirait parfaitement.

Si l'on voulait doubler les dimensions du modèle, ce qui donnerait 848 millimètres, on serait obligé d'employer le *papier grand-aigle*, qui a 957 millimètres de hauteur; car le *colombier*, qui vient ensuite, n'a que 845 millimètres de hauteur, et serait conséquemment trop petit. Il est vrai que l'on peut, en ce cas, coller ensemble deux feuilles de *carré*, ce qui se fait au moyen de la règle de fer, de la colle à bouche et du grattoir, sur la planche à dessiner ou sur une grande table unie.

149. — *Dessiner le modillon de face* fig. 96. — Comme on aperçoit le modillon de profil dans la fig. 95, et qu'on peut en augmenter les proportions, nous avons pensé qu'il serait utile d'en donner une idée plus exacte en le représentant de face dans la fig. 96. On copiera avec soin les rais de cœur, la feuille d'acanthe et le modillon de face. En doublant les proportions, les détails seront plus agréables.

150. — *Dessiner le plan du modillon, vu en dessous du larmier,* fig. 97. Nous n'avons aucune recommandation particulière à adresser à nos lecteurs ; ils reconnaîtront sans beaucoup d'efforts le raccourci du modillon et le développement de la feuille d'acanthe. Les feuilles doivent être exécutées avec soin; si l'on double les proportions de cette figure, le galbe des feuilles n'en sera que plus indiqué.

151. — *Dessiner la base de l'ordre corinthien* fig. 98. Les moulures de cette base sont assez compliquées; elle se trouvent en rapport avec la richesse de détails de l'ordre corinthien. Elle comprend :

(1) L'orle;
(2) Le tore supérieur;

(3) Le filet;
(4) La scotie;
(5) Le filet;
(6) Les baguettes;
(7) Le filet;
(8) La scotie inférieure;
(9) Le filet;
(10) Le tore inférieur;
(11) La plinthe.

Notre dessin, fig. 98, ne représente que la moitié de la base; les élèves devront la dessiner entière, en reportant de l'autre côté de la verticale, qui est la *cathète* de l'*axe* de la colonne, ce qui est à droite dans le modèle. Ces deux moitiés symétriques composent la base totale.

152. — *Dessiner le chapiteau d'ordre composite* fig. 99. Le chapiteau de l'ordre composite comprend :

(1) Le quard de rond;
(2) Le filet;
(3) La face du tailloir. Ces trois parties forment le tailloir, comme dans l'ordre corinthien.
(4) Le quart de rond orné d'oves et de langues de serpent;
(5) La baguette ornée de perles allongées;
(6) Le filet;
(7) Les volutes;
(8) Les grandes feuilles;
(9) Les petites feuilles;
(10) L'astragale;
(11) La ceinture ou orle.

Le contour du bas des volutes est sur la même ligne que le dessus des grandes feuilles. Entre les grandes feuilles, on voit deux petites tigettes qui se terminent par des rosaces ornées de feuilles d'acanthe. La face continue et le canal des volutes sont remplies par des rinceaux en feuilles d'acanthe qui sortent d'un fleuron d'acanthe occupant le centre du tailloir.

La fig. 99, comparée à la fig. 94, fera connaître aux élèves les plus jolis détails de ces deux ordres rivaux, et entre lesquels il est difficile de se prononcer. Nous préférons l'ordre corinthien, qui nous paraît plus élégant et plus gracieux ; mais c'est une opinion particulière que ne partagent pas tous les architectes.

153. — *Dessiner l'entablement de l'ordre composite* fig. 100. L'entablement composite comprend :

(1) Le réglet ;
(2) La cymaise ornée de têtes de lion ;
(3) Filet ;
(4) Quart de rond orné d'oves ;
(5) Larmier ;
(6) Quart de rond orné d'oves ;
(7) Baguette ornée de perles allongées ;
(8) Première face des doubles modillons ;
(9) Talon orné de rais de cœur ;
(10) Seconde face des doubles modillons ;
(11) Quart de rond orné d'oves et de langues de serpent ;
(12) Baguette ornée de perles allongées ;
(13) Frise ;
(14) Réglet ;
(15) Cavet orné de rosaces ;
(16) Quart de rond orné d'oves et de langues de serpent ;
(17) Baguette ornée de perles allongées ;
(18) Grande ou deuxième face ;
(19) Talon orné de rais de cœur ;
(20) Petite ou première face.

Cet entablement, qui comporte tant d'ornements, doit être, ainsi que l'entablement de l'ordre corinthien, copié dans des dimensions linéaires doubles ; les quarts de rond et les talons ne produisent pas assez d'effet dans les proportions que l'espace nous a contraint de donner aux fig. 95 et 100.

154. — *Dessiner la base de l'ordre composite* fig. 101. La base de l'ordre composite comprend les moulures suivantes :

(1) Orle;
(2) Baguette;
(3) Tore supérieur;
(4) Filet;
(5) Scotie;
(6) Filet;
(7) Baguette;
(8) Tore inférieur;
(9) Plinthe.

En comparant la base de l'ordre ionique, fig. 92, avec celle de l'ordre composite, fig. 101, on verra qu'elles diffèrent par les deux baguettes que l'ordre composite a de plus, et qui donnent à la base plus de hauteur et en même temps plus de richesse.

155. — Les *portiques* sont composés d'arcades qui reposent sur des *pieds-droits* ou piliers carrés servant de base à une arcade. Le pied-droit est couronné par une *imposte;* c'est une assise dont le profil des moulures est conforme à l'ordre auquel appartient l'arcade. L'*archivolte* est la moulure plus ou moins large en saillie sur la tête des *voussoirs* d'une arcade dont elle suit et orne le contour d'une imposte à l'autre. La forme de l'archivolte est réglée, et varie suivant l'ordre d'architecture auquel l'arcade s'applique.

156. — Dans l'ordre ionique, l'*imposte* comprend :

Un réglet,
Un talon orné de rais de cœur,
Un larmier,
Un quart de rond orné d'oves,
Une baguette en perles,
Un filet,

Une grande et une petite face;
Au-dessous, le pied-droit.

L'*archivolte* comprend :

Un réglet,
Une doucine ornée de rais de cœur,
Une baguette ornée de perles,
Une grande face,
Un bandeau.

157. — Dans l'ordre corinthien, l'*imposte* comprend :

Un réglet,
Un talon orné de feuilles,
Un larmier,
Un quart de rond orné d'oves et de langues de serpent,
Une frise ornée de feuilles d'acanthe et de canaux.

L'imposte s'unit au pied droit par une baguette et un filet.

L'*archivolte* comprend :

Un réglet,
Une doucine ornée de rais de cœur,
Une grande face,
Un talon orné d'oves et de langues de serpent,
Une baguette ornée de perles,
Une face de milieu,
Une baguette ornée de perles rondes,
Un bandeau.

158. — Dans l'ordre composite, l'*imposte* comprend :

Un réglet,
Un cavet orné de feuilles,
Un larmier,
Un listel,
Une doucine ornée de feuilles,
Une baguette ornée de perles et de nervures,

Un filet,
Une frise unie,
Une baguette,
Un filet;
Au-dessous se trouve le pied-droit.

L'*archivolte* comprend :

Un réglet,
Un cavet orné de trèfles,
Un quart de rond orné d'oves et de langues de serpent,
Une baguette ornée de perles,
Une grande face,
Une baguette ornée de perles allongées,
Un bandeau.

Nous ne nous étendrons pas davantage sur les impostes ni sur les archivoltes; nous avons cru devoir en dire un mot, parce que ces parties des arcades prennent les moulures des différents ordres d'architecture.

CHAPITRE XII.

MOTIFS TIRÉS DES DIFFÉRENTS STYLES D'ARCHITECTURE.

159. — *Dessiner le chapiteau du pilastre* fig. 102. Ce chapiteau doit être rangé dans la classe des *chapiteaux fantasques*, qui comprend tous ceux qui ne sont pas de l'un des sept ordres dont nous venons de parler.

On distingue encore le *chapiteau angulaire,* qui, étant placé à l'encoignure d'une façade, porte un entablement qui fait face de deux côtés.

Le *chapiteau mutilé,* qui appartient à une colonne engagée

dans une façade ou dans un mur, et qui n'a pas son entier développement.

Le *chapiteau plié*, qui est le chapiteau d'un pilastre placé dans un angle rentrant.

Le *pilastre* est une sorte de colonne carrée qui prend les proportions, la base, le chapiteau et les ornements de l'ordre d'architecture auquel il s'applique. Le pilastre est ordinairement engagé dans un mur, et ne s'en détache que pour le cinquième ou le sixième de son épaisseur. Plusieurs architectes dédaignent les pilastres, et cependant ils font un bel effet, comme on peut le voir dans le jardin du Palais-Royal, à Paris; ils ont l'avantage d'exiger une dépense beaucoup moindre, et de ménager l'espace.

Lorsque le pilastre n'est pas engagé, il ressemble à un pilier, et produit un effet lourd et sans grâce.

La fig. 102 représente le chapiteau d'un pilastre engagé, style Louis XIV.

Ce chapiteau d'intérieur d'appartement se compose d'un tailloir sans réglet, soutenu par deux cornes d'abondance auxquelles viennent se rattacher des entrelacements de rinceaux en feuilles d'acanthe, selon le style de l'époque. Une petite coquille en fleuron est soutenue par deux enroulements d'acanthe. Ce chapiteau est agencé avec goût. Le mot d'*agencement* est un terme d'architecture employé pour exprimer la disposition de certains ornements dans un ordre peu usité.

On dessinera cette figure avec délicatesse et sans lourdeur.

160. — *Dessiner un chapiteau renaissance* fig. 103. Ce chapiteau fantasque est d'un joli effet; il est tiré de l'ouvrage de M. le baron Taylor.

Le tailloir est occupé par des feuilles d'eau à bord renversé; au-dessus est placée une assise de pierre au lieu de réglet. Le chapiteau est formé de feuilles tournées en volutes aux coins, avec acanthe, cannelures et ornements; au-dessous se trouve l'astragale entre deux filets ou baguettes.

Ce chapiteau est d'une forme très-élégante et très-svelte ; il sert de couronnement à une colonnette élancée.

161. — *Dessiner le chapiteau de colonne* fig. 104. Ce chapiteau fantasque est du style de l'époque de Louis XIV; il est d'un joli goût, et pourrait décorer une galerie ou un appartement intérieur.

On y voit un mascaron avec cornes et avec canaux servant d'ornement à la tête.

Des rinceaux s'entrelacent autour de la figure, et viennent se terminer aux coins en volutes ornées de feuilles d'acanthe.

Au-dessous du cadre supérieur se trouve une rangée de feuilles à bord renversé, qui prennent naissance sur l'astragale ; des glands sculptés en relief sur le fût de la colonne viennent s'attacher à l'astragale.

Ce chapiteau, dont les ornements étaient en bronze doré, pouvait faire un effet agréable; mais ses proportions sont trop grandes.

162. — *Dessiner le chapiteau* fig. 105. Ce chapiteau, de style renaissance, est encore tiré de l'ouvrage de M. le baron Taylor. Il nous semble moins bien que celui de la fig. 103; cependant il a son genre de mérite. Les assises qui lui servent de couronnement et de tailloir sont lourdes. Le chapiteau est formé de volutes simples, de feuilles d'acanthe, de rosaces et de canaux. L'astragale est trop épaisse; les trois baguettes et les deux quarts de rond sont massifs.

Le fût est cannelé à vive arête.

163. — *Dessiner la base de colonne* fig. 106. Cette base fantasque, de style renaissance, se compose d'une portion de fût terminé par de longues feuilles superposées et s'appuyant sur le listel. Le tore est couvert de rais de cœur ; la baguette au-dessous est revêtue de perles rondes. Le grand tore est orné de rinceaux enroulés et entremêlés avec l'acanthe. L'assise qui remplace la plinthe est trop forte.

Cette base est, comme le représente la figure, engagée dans la muraille.

164. — *Dessiner la base de colonne* fig. 107. Cette base appartient au style gothique. Au premier aperçu elle semble se rapprocher des ordres réguliers; mais, en la comparant avec les bases des différents ordres, on verra qu'elle s'éloigne de toutes, et qu'elle appartient au genre fantasque. Au-dessous d'une baguette placée entre deux filets, on voit des feuilles d'acanthe formant colimaçons et se rattachant à un culot d'acanthe.

Au-dessous est une sorte de tore et de plinthe.

165. — *Dessiner la base de pilastre* fig. 108. Cette base de pilastre est de style Louis XIV. On voit sur la surface extérieure une coquille et un encadrement à baguettes. Cette base est à six pans, dont trois sont aperçus.

Au point où doivent être arrivés les élèves, ils peuvent très-bien reconstruire le pilastre entier, en y ajoutant un chapiteau de leur composition ou combiné avec les chapiteaux des fig. 102 et 104.

166. — *Dessiner la ligne courante* fig. 109. Cet ornement poste ou ligne courante est de style gothique. Il peut s'adapter à toutes les moulures.

Les élèves étendront cette bordure, et la copieront d'une longueur de 1 décimètre. Ils pourront en doubler aussi les proportions linéaires.

167. — *Dessiner la ligne courante* fig. 110. Cet ornement courant convient pour les frises; il est de style renaissance. Il peut se faire en relief ou à jour.

La même observation s'applique à cet ornement courant : au lieu de trois canaux, il faudra en copier au moins une douzaine pour en bien voir l'effet.

168. — *Dessiner la fenêtre gothique* fig. 111. Cette fenêtre, de style gothique, est de forme ogive. Elle se compose de deux arceaux à trèfles supportés par des colonnettes. Les lignes très-légères que l'on voit entre les arceaux indiquent les carreaux, garnis de lames de plomb, qui laissent pénétrer le jour.

Entre les arceaux se trouve une rosace à quatre compartiments.

Des coins à feuilles et à compartiments accompagnent la fenêtre.

Sur les coins où viennent se reposer les deux courbes de l'ogive on voit des feuilles de choux.

Au bas de la fenêtre se trouve un ornement en forme de clef soutenu par deux enroulements gothiques. Les deux côtés inférieurs sont garnis de culots renversés.

Cette figure est de bon goût; on pourra la copier dans des dimensions linéaires doubles.

169. — *Dessiner la colonne* fig. 112. Cette colonne est de style égyptien. Le chapiteau est orné de feuilles de lotus et de rinceaux enroulés. Les cannelures ne se prolongent pas sur toute la longueur du fût, qui n'a pas de rétrécissement.

Au milieu se voit une figure hiéroglyphique. Les *hiéroglyphes* étaient des figures emblématiques en usage chez les Égyptiens pour exprimer leurs idées. On sait que les Égyptiens n'avaient pas comme nous une écriture syllabique pour rendre les mots du langage articulé. Plus tard, l'écriture syllabique s'étant introduite dans les habitudes égyptiennes, les prêtres conservèrent le secret des hiéroglyphes, et ils couvrirent de ces signes mystérieux les obélisques, les colonnes et les murs de leurs temples.

Aujourd'hui, et malgré les efforts heureux de plusieurs savants, la langue hiéroglyphique est encore incomprise.

170. — *Dessiner la fontaine* fig. 113. Cette figure, en style Louis XIV, est d'un aspect très-agréable. Un vase rempli de fruits de toute espèce, et orné à l'extérieur de cannelures, de coquilles et de perles, sert de couronnement à la fontaine. Du milieu du vase s'élève un jet d'eau qui retombe sur les fruits; l'eau s'échappe par tous les bords.

Au-dessous on aperçoit une coquille dans laquelle une tête de dauphin vomit de l'eau; des roseaux servent d'accompagnement à la coquille, où s'attachent deux guirlandes de feuillage.

Deux cornes d'abondance, une rosace et un cadre formé de baguettes courbes, occupent le milieu de cette fontaine. Deux colimaçons entourent un fleuron qui repose sur un culot en coquille.

La base est ornée d'un mascaron vomissant de l'eau; cette figure est au milieu d'un cadre à petites baguettes et à pans coupés.

Sur les moulures on voit une rangée de feuilles marines en rais de cœur.

Cette figure peut être doublée dans ses proportions linéaires; les détails en ressortiront mieux.

MACHINES.

CHAPITRE XIII.

ÉLÉMENTS DES MACHINES.

171. — La MÉCANIQUE est la science qui a pour objet de déterminer l'effet que produit sur un corps l'application d'une ou de plusieurs forces.

Les agents que la mécanique emploie sont les *machines*.

On appelle *machines* les instruments ou appareils propres à transmettre l'action des forces.

La plupart des *machines* sont *composées*.

Les machines servent aux usages suivants :

1°. A recevoir l'action de différents moteurs ;

2°. A transmettre cette action à des distances ;

3°. A transformer l'un dans l'autre les quatre mouvements élémentaires : 1° le *mouvement rectiligne continu;* 2° le *mouvement circulaire continu;* 3° le *mouvement alternatif rectiligne;* 4° le *mouvement alternatif circulaire ;*

4°. A changer les directions des mouvements ;

5°. A modifier la *force* et la *vitesse*, de manière à regagner à peu près en vitesse ce que l'on perd en force, ou à regagner à peu près en force ce que l'on perd en vitesse ;

6°. A régulariser les mouvements ;

7°. A détruire ou à affaiblir les résistances.

Dans un ouvrage de dessin linéaire, notre intention ne saurait être d'expliquer les principes de statique ou de dynamique; nous voulons seulement offrir aux élèves qui se destinent aux professions industrielles dépendant plus ou moins de la mécanique des modèles de machines ou de parties de machines avec des explications intelligibles.

172. — *Dessiner la* fig. 114. Cette figure représente une roue dont les dents sont taillées sur le contour d'un cylindre. Cette roue est composée de quatre dents pointues. Un plan incliné conduit jusqu'à l'extrémité supérieure de la dent, qui est coupée verticalement et forme *arrêt* ou *encliquetage*.

On emploie l'encliquetage toutes les fois qu'il y a dans un mouvement danger de rétrogradation.

Au-dessous est le plan géométral et l'arbre carré qui sert d'axe à la roue.

Cette figure est simple et ne présente aucune difficulté; nous n'entrerons dans aucun détail ni sur sa construction ni sur ses applications.

173. — *Dessiner la* fig. 115. Cette figure représente *deux roues dentées à engrenage*. Le mérite de la fabrication des roues dentées consiste dans l'exactitude avec laquelle l'une des deux roues peut transmettre à l'autre le mouvement uniforme de rotation.

Les deux roues de la fig. 115 ont des dents fortes et épaisses, dont l'extrémité est formée par la rencontre de deux arcs de cercle. La plus petite roue a huit dents, la plus grande en a douze; la première est pleine, la seconde est évidée pour diminuer son poids.

Dans l'horlogerie et dans plusieurs autres applications des roues dentées, on multiplie le nombre des dents, qui sont alors moins saillantes et moins larges.

Pour exécuter la fig. 115, les élèves traceront les cercles concentriques, et, après avoir divisé la circonférence de la plus petite roue en huit parties égales, ils diviseront la circonférence de la plus grande en douze parties.

On se rappelle que, pour diviser une circonférence en huit parties égales, il suffit de tracer deux diamètres à angle droit et de subdiviser en deux parties égales chacun des angles et des arcs, comme nous l'avons indiqué § 232 du *Cours méthodique de Dessin linéaire*, Partie élémentaire.

Pour diviser la circonférence en douze parties égales, nous renvoyons également au § 236.

174. — *Dessiner la* fig. 116. Cette figure représente un *engrenage conique*, ou *roue d'angle* fort usitée et fort utile dans les grandes machines.

La grande roue fig. 116, dont nous avons donné l'élévation fig. 117, est en fer fondu. Un pignon également en fer fondu, fig. 118, et dont le plan géométral se trouve dans la fig. 119, engrène avec la grande roue.

Les fig. 116, 117, 118 et 119 ne forment qu'un tout, et méritent beaucoup d'attention de la part des élèves.

La grande roue est évidée, comme on le voit fig. 117, pour diminuer son poids; elle se compose de trente-huit dents arrondies.

Le pignon, fig. 119, a douze dents.

En examinant la fig. 116, on voit que les trois lignes ponctuées qui suivent le plan des dents, de la roue et du pignon, aboutissent au sommet du même cône.

L'arbre de la roue et celui du pignon sont ronds.

Il faut un compas pour tracer les dents de la fig. 117 : les lignes ponctuées servent à placer les centres des demi-cercles dont la réunion forme le profil des dents.

On remarquera que les droites qui figurent les dents, ne sont pas parallèles, mais se dirigent toutes vers le centre : on commence à tirer toutes ces lignes, on trace ensuite au compas les demi-circonférences, qui doivent coïncider.

175. — *Dessiner la* fig. 120. Cette figure représente une *lanterne*; c'est un cylindre denté à jour, qui se compose d'une suite de *fuseaux* tournés circulairement.

Les axes des fuseaux sont également espacés sur un plateau circulaire qui reçoit, dans des mortaises carrées, le bout des fuseaux formant *tenon*. Les deux plateaux circulaires, opposés et parallèles, maintiennent les fuseaux.

Le plan géométral de la lanterne indique un arbre carré et seize fuseaux : il serait impossible, sur la figure vue d'élévation, de se rendre compte de ces deux circonstances; aussi, toutes les fois qu'il y a difficulté pour comprendre une figure, on doit l'accompagner d'un plan géométral ou de coupes transversales.

Les élèves commenceront par dessiner le plan géométral, et, en élevant des verticales, ils auront la place des fuseaux dans la figure supérieure.

176. — *Dessiner la* fig. 121. Cette figure représente un disque en fonte d'une machine nommée *banc à étirer les tuyaux*.

Ce disque, qui se trouve placé à l'une des extrémités du banc, porte à sa circonférence cinq dents arrondies. L'écartement de ces dents est égal à la longueur d'un *maillon* de la chaîne sans fin qui s'enroule sur le disque, et dont nous avons mis le plan au-dessus.

Le disque est en fer fondu, et les maillons, faits sur le même calibre, sont en fer forgé.

A l'autre extrémité du banc à étirer, on trouve un second disque semblable à celui de la fig. 121, mais plus grand. La même chaîne sans fin s'enroule sur lui, et, en joignant les deux disques, leur donne la même direction.

Les élèves, en copiant cette figure, pourront prolonger la chaîne sans fin et la faire enrouler sur un second disque qui aura dix dents espacées de la largeur d'un maillon.

177. — *Dessiner la* fig. 122. Cette figure représente une *vis* à filet triangulaire.

On sait qu'une *vis* est un cylindre entouré d'une spirale en relief qu'on nomme *filet*. Quand la section du filet est un triangle, la vis est dite à filet triangulaire.

La distance entre deux filets consécutifs, est le *pas de vis*.

On forme de même, dans un trou cylindrique, un filet et

un pas de vis semblable ; c'est ce qu'on nomme l'*écrou*. La vis entre dans l'écrou, qui est quelquefois mobile, et alors la vis est immobile ; ou bien elle entre dans un écrou immobile, et la vis alors est mobile. Ces deux combinaisons donnent lieu à des résultats différents et fort utiles.

En général, et abstraction faite des frottements qui sont très-considérables dans l'usage des vis, *la puissance est à la résistance, comme la hauteur du pas est à la longueur du levier, ou au rayon de la roue attachée à la tête de la vis pour la manœuvrer.*

Moins le pas de la vis a de hauteur, plus le mouvement est transmis lentement ; on voit par là que la vis sert principalement lorsqu'il faut produire un grand effort avec peu de vitesse.

Pour dessiner la vis fig. 122, les élèves traceront le cylindre, qu'ils diviseront, par des lignes horizontales, en parties égales et de la hauteur du pas de vis ; puis ils traceront la spirale et les filets. On voit combien le travail géométrique a d'importance dans ce tracé, qui exige avant tout une parfaite régularité.

178. — *Dessiner la* fig. 123. Cette figure représente une *vis* à filet carré. Le filet carré est principalement employé dans les vis métalliques exécutées avec précision : l'écrou doit être également le moule de la vis. La tête de la vis, fig. 123, est carrée : on y adapte une clef en fer avec un levier suffisamment long. Dans la fig. 122, la tête de la vis est cylindrique et percée de deux ou de quatre trous dans lesquels on passe une barre ou un levier en fer, avec lequel on imprime le mouvement à la vis.

Cette construction se prépare comme la précédente, le filet seul diffère dans le contour.

En doublant les proportions linéaires des deux vis, l'étude en sera plus utile pour les élèves.

179. — *Dessiner la* fig. 124. Cette figure représente le tire-bouchon employé dans la construction des puits artésiens,

pour retirer des pierres ou des corps durs, et quelquefois même des fragments d'outils brisés.

Quoique la théorie des puits artésiens soit aujourd'hui très-connue, nous en dirons un mot pour nos jeunes lecteurs.

Lorsqu'une nappe d'eau souterraine provient de sources plus élevées que le sol et qu'elle est contenue par des couches glaiseuses et imperméables, elle tend à reprendre son niveau; aussitôt qu'elle trouve une issue, elle s'y élance et monte au-dessus du sol en jets quelquefois considérables.

Si, au contraire, la nappe d'eau est formée par des sources d'un niveau inférieur au sol, lors même qu'elle trouve une issue, elle ne remonte qu'à la hauteur du réservoir et n'arrive pas au niveau du sol.

C'est l'application de ces deux principes qui a donné naissance aux *puits artésiens*, ainsi appelés de la province de l'Artois, où ils sont très-répandus.

Pour arriver aux nappes d'eau qui doivent jaillir au-dessus du sol, on perfore la terre avec une sonde composée de plusieurs barres de fer, qui s'unissent ensemble, au moyen de boulons maintenus par des vis ou par d'autres moyens analogues.

La barre qui pénètre la première le sol, est terminée en tarière pointue ou en forme de tire-bouchon, comme dans la fig. 124, ou en forme de cuillère, selon l'objet que l'on se propose. On retire la sonde au moyen d'une chèvre.

L'ouvrage avance lentement; mais, avec des bras, de l'argent et de la persévérance, on arrive à la nappe d'eau désirée. On a vu, néanmoins, des puits creusés à une très-grande profondeur, et abandonnés faute de résultats probables. Le puits de Grenelle, près Paris, a exigé une volonté très-ferme de la part du Conseil général du département de la Seine, qui ne s'est pas laissé rebuter par la longueur excessive de cette entreprise.

Avant d'arriver à la nappe d'eau cherchée, on en traverse quelquefois plusieurs autres qu'il faut éviter au moyen d'un tubage qui se fait avec des tuyaux de bois, de tôle ou de cuivre.

180. — *Dessiner la* fig. 125. C'est un cric vu de face. Le cric est une machine dans laquelle l'axe de la roue dentée est fixe, pendant qu'une barre de fer A, taillée en crémaillère sur un de ses côtés, engrène avec elle.

Le cric de la fig. 125 est un cric composé, car la manivelle E agit sur un premier pignon D, fig. 126, qui engrène avec une roue C, dont le pignon fait mouvoir la crémaillère. La tête de la crémaillère, terminée en croissant mobile, pour prendre toutes les directions convenables, est appuyée contre l'obstacle qu'on veut surmonter; on tourne la manivelle, qu'une petite *roue à déclic* I, permet d'arrêter sans inconvénient, puisqu'elle l'empêche de rétrograder; le pignon fait tourner la roue, et la crémaillère, en montant, soulève l'obstacle qui lui fait résistance.

Le bâtis F est la *chappe* du cric. Le pied du cric est entouré d'une *frette* ou lien de fer. Un anneau sert à transporter cette machine très-employée pour soulever les voitures et les charrettes chargées, pour soulever des pierres de taille ou des pièces de bois trop lourdes.

La partie supérieure de la chappe est garnie de plaques de fer GG, fig. 125 et 127, à travers lesquelles passent les axes des pignons B et D, fig. 126.

Les élèves copieront cette figure, en traçant successivement la chappe, la crémaillère et la tête à croissant, la roue à déclic et la manivelle.

181. — *Dessiner la* fig. 126. C'est la coupe de la figure précédente; on y voit le jeu du pignon sur la roue, et le jeu du pignon de la roue sur la crémaillère.

On comprend combien il est indispensable d'accompagner certains dessins de leur coupe.

Dans la fig. 125, on n'aperçoit que l'extérieur du cric, et il serait impossible d'en comprendre le mécanisme intérieur, sans la coupe fig. 126.

182. — *Dessiner la* fig. 127. C'est encore le même cric, mais vu de profil. Cette figure était nécessaire pour montrer le crochet H, qui est l'extrémité recourbée en équerre de la crémaillère A. Le crochet H, formant saillie à l'extérieur du cric, monte et s'abaisse avec la crémaillère. On se sert de la tête ou du crochet de la crémaillère, selon la position de la masse à soulever. Comme le crochet H redescend presque jusqu'au bas du cric lorsque la crémaillère est baissée, il est très-utile pour charger des pierres de taille que l'on soulève d'abord avec un levier recourbé, jusqu'à ce que le crochet H puisse s'y appliquer.

Ces trois figures, copiées dans des proportions linéaires triples, donneront une idée très-complète du mécanisme d'un cric composé.

Dans le cric simple, le pignon de la manivelle engrène immédiatement avec les dents de la crémaillère, ce qui lui ôte une partie de sa puissance.

183. — *Dessiner la* fig. 128. Cette figure représente une poulie maintenue par un crochet; on peut attacher ce crochet à un point fixe ou suspendre un fardeau à l'extrémité du crochet; dans ce dernier cas la poulie est mobile.

La fabrication des poulies est une industrie considérable qui constitue la profession des *poulieurs*.

Les poulies se fabriquent ou en bois ou en métal.

Dans la confection des poulies en bois, on place souvent des dés en cuivre qui s'enchâssent dans les rouets. On fait les dés carrés ou triangulaires; on les fait même en forme de trèfle, afin d'offrir la plus grande résistance possible à tourner dans le rouet, ce qui mettrait la poulie hors de service.

184. — *Dessiner la* fig. 129. Cette figure représente une *grue*.

On établit des grues de ce genre sur le quai des ports, afin de charger et de décharger les bateaux. Ces appareils sont de plusieurs sortes.

La fig. 129 représente la grue établie sur le port du Louvre à Paris.

Cette figure a deux *volées a, b*. Un massif de maçonnerie, recouvert en pierres de taille, maintient une partie du *poinçon* de la grue. La grue est tournante sur un poinçon fixé dans une *plate-forme c*.

Chacune des volées *a, b* est double, c'est-à-dire formée de deux pièces de bois réunies dans leur longueur par des *entretoises* et des *boulons* de fer. Dans le bas, elles sont écartées de 1 mètre, mais elles se rapprochent dans le haut et ont une inclinaison de 45 degrés. De fortes pièces *dd* et *f* consolident les volées. Une *crapaudine g* maintient la partie supérieure du poinçon. Au sommet des volées sont placées des poulies en bronze. Un *châssis* au-dessus de *dd* supporte les treuils de deux roues. Une petite cabane en planches met à l'abri les hommes qui impriment le mouvement aux roues.

Cette grue est très-belle et très-bien faite. De petits rouets en fonte sont placés sous les axes et tournent avec eux. La plate-forme glisse également sur des rouets de fer : il en résulte que cette machine se meut facilement et sans de très-grands efforts.

Il sera nécessaire de quadrupler les dimensions linéaires de cette figure, pour en bien saisir le mécanisme. La machine peut à la fois charger une charrette et décharger un bateau, au moyen de sa double roue.

185. — *Dessiner la* fig. 130. Cette figure représente une grue fabriquée en fer et en fonte. On sait que les grues sont employées dans les grands établissements industriels et dans le service des ports.

Le système de la fig. 130 se compose de deux bras de fer forgé B renforcés de deux *arcs-boutants* en fonte. L'écartement des bras est maintenu par des cercles en fonte de diamètres différents et par des *embrasures* qui les relient fortement. La résistance des arcs-boutants est encore augmentée par la tige verticale à côté de C, qui est armée de plusieurs branches en *contre-fiches.*

L'*arbre* vertical D en bois est consolidé par des *colliers* de fer, qui s'opposent à l'effort de bascule des branches B.

Le bras horizontal F est consolidé par une tige verticale avec contre-fiches; à son extrémité se trouve un contre-poids qui fait équilibre aux branches inclinées.

Les deux tiges verticales ou *chambrières* sont munies de galets de bronze, qui roulent dans une rainure refouillée dans le massif en pierre qui sert de base à la grue.

Une roue dentée A, mise en mouvement par un pignon à manivelle, est fixée à l'extrémité d'un treuil qui traverse l'arbre horizontal.

A l'autre extrémité du treuil se trouve une roue non dentée qui sert à modérer le mouvement de rotation au moyen d'un frein.

Le câble qui vient s'enrouler sur le treuil passe sur une première poulie placée à moitié du trajet sur les bras de fer B et sur une seconde poulie qui se trouve à l'extrémité des bras de fer.

Cette grue, d'une construction récente, est d'un emploi très-facile.

Les élèves pourront tripler les proportions linéaires de cette figure.

186. — *Dessiner la* fig. 131. C'est une caisse de poulies disposées de telle sorte qu'on peut appliquer des cordes agissant sur chacune des quatre faces de la caisse, puisque les deux systèmes de poulies sont en équerre.

La poulie simple n'a qu'un rouet; la poulie composée, qu'on nomme moufle, a deux, trois et quelquefois six rouets, comme dans la fig. 131, qui représente une caisse en fer avec des poulies en fer.

La question de savoir si les poulies de fer sont préférables aux poulies de bois n'est pas encore résolue, car les poulies de fer sont sujettes à des accidents imprévus de rupture ou de torsion, qui ne se montrent qu'au moment même de l'accident. Les bonnes poulies de bois sont faites en bois de gaïac ou en bois de sorbier.

Les élèves pourront augmenter beaucoup les proportions linéaires de cette figure ingénieuse, mais dont l'emploi est borné à des circonstances particulières.

187. — *Dessiner la* fig. 132. C'est un appareil pour soulever une pierre de taille.

La construction des maisons et des édifices publics exige des moyens sûrs pour lever des pierres de taille à une grande hauteur. On emploie à Paris, pour le levage des pierres, des *chèvres*, des *singes* ou des *grues*.

La manière la plus simple de *brayer* ou de suspendre les pierres que l'on doit élever est celle de la fig. 132. Aussitôt que la pierre est placée sur deux rouleaux au moyen d'un levier de fer recourbé, on fait passer le brayet sous la pierre et on l'attache à l'*S* du câble de la grue.

On appelle *brayet* un câble fort et souple en même temps, dont les deux bouts sont *épissés*, c'est-à-dire réunis ensemble.

Lorsque la pierre est entourée du brayet, on ne peut la placer immédiatement; il faut la faire descendre sur des rouleaux afin qu'on puisse retirer le brayet; ensuite on la soulève avec des leviers de fer pour retirer les rouleaux.

188. — *Dessiner la* fig. 133. Cette figure représente une disposition particulière pour soutenir les pierres de taille.

M. Pirancsi a retrouvé, dans les ruines d'un monument situé hors des portes de Rome, deux pierres de taille qui n'avaient pas été posées, et dans lesquelles il remarqua d'un côté un trou et de l'autre un tenon. On plaçait dans le trou et dans le tenon deux forts crochets de fer qui s'entrelaçaient dans le haut et qui servaient à suspendre la pierre, comme on peut le voir dans la fig. 133. Lorsque la pierre était montée, le trou qui se trouvait sur un côté était compris dans le massif de la maçonnerie; il suffisait de faire disparaître le tenon au marteau, et la pierre se trouvait en place, car le tenon était sur le parement extérieur de l'édifice.

Nous avons indiqué ce procédé ingénieux des anciens, qui jusqu'à présent ne paraît pas devoir remplacer l'usage du brayet.

189. — *Dessiner la* fig. 134. Cette figure représente la pompe alimentaire d'une chaudière de machine à vapeur à basse pression.

Dans cette figure, qui est la coupe verticale, on remarque :

A, le corps de pompe ;

B, le piston ;

C, la soupape qui se lève pour laisser passer l'eau au-dessus du piston dans le mouvement descendant ;

D, la tige du piston ;

E, la soupape d'aspiration ;

F, le tuyau d'aspiration ;

G, le tuyau de décharge.

Dans l'emploi de la vapeur comme force motrice, on en porte toujours la température au delà de cent degrés centigrades, et la pression au delà d'une atmosphère (c'est le poids de l'air sous la pression d'une, de deux atmosphères). A la vérité, dans les machines à basse pression on va bien peu au delà ; cependant, l'excès, quelque petit qu'il soit, empêcherait un réservoir dont le niveau ne serait pas supérieur à celui de l'eau de la chaudière, d'alimenter celle-ci. Mais, à la suite d'un abaissement de niveau dans la chaudière résultant nécessairement de l'évaporation, la pression du réservoir prédomine et l'eau s'introduit dans la chaudière. Il faut donc que le réservoir soit placé de manière que l'eau, par la hauteur de son niveau, puisse vaincre constamment la résistance que la vapeur oppose à son entrée.

C'est ordinairement une pompe semblable à celle de la fig. 134, et mise en mouvement par la machine elle-même, qui entretient la chaudière.

La pompe sert donc de deux manières différentes à alimonter les chaudières à vapeur : ou bien elle envoie l'eau qu'elle puise dans un réservoir placé au-dessus de la chaudière, ou bien elle l'envoie directement dans la chaudière.

Il sera utile d'augmenter beaucoup les proportions de la fig. 134, dont le piston B est représenté plus en grand dans la fig. 136.

190. — *Dessiner la* fig. 135. C'est la coupe verticale d'une pompe aspirante à eau froide.

a représente le corps de pompe;

b, le piston;

c, la soupape qui s'ouvre pour laisser passer l'eau dans le mouvement descendant du piston;

d, le clapet (on appelle *clapet* une espèce de soupape à charnière);

e, le tuyau d'aspiration;

f, le tuyau de dégorgement.

Cette pompe diffère suffisamment de la précédente pour avoir nécessité un second dessin : en les comparant, on établira entre elles des différences qui échappent au premier coup d'œil.

Il sera utile d'en tripler les proportions.

191. — *Dessiner la* fig. 136. Cette figure représente un piston à garniture de chanvre. Il se compose de trois parties principales :

a, corps du piston fabriqué en fonte;

b, couvercle également en fonte;

c, chanvre tressé et convenablement graissé;

d, boulons au nombre de quatre, qui servent à presser le couvercle et à faire renfler la garniture lorsque le piston a trop de jeu;

g, tige du piston.

192. — *Dessiner la* fig. 137. Cette figure représente une *vis d'Archimède.*

La vis d'Archimède est une machine très-employée pour épuiser l'eau qui vient inonder les travaux de terrassement, des fouilles. Elle sert également à élever les eaux, mais à une petite hauteur.

L'intérieur de la vis est composé de petites planchettes imbriquées et inclinées en hélice formant une vis semblable aux filet ou spires des vis métalliques. La surface extérieure se compose de planches couvertes d'un enduit goudronné ou dont les joints sont remplis d'étoupe goudronnée.

Placez cette machine de manière que son extrémité inférieure plonge dans l'eau, et faites jouer la manivelle : l'eau descendra dans le tuyau et s'élèvera insensiblement à chaque tour de la vis, poussée par l'eau, qui suit ce qui la contient, jusqu'à ce qu'elle parvienne à l'orifice supérieur, où elle dégorgera.

On peut prolonger la vis, mais on ne peut dépasser certaine longueur, à cause du poids de l'eau et de la difficulté de la manœuvre. Employée à propos, la vis d'Archimède fournit d'excellents résultats.

Les élèves devront doubler la longueur de la vis dans la fig. 137, pour s'exercer à faire l'hélice; ils pourront figurer au bas un ruisseau ou un terrassement. Ce travail exige de la précaution et beaucoup de régularité.

193. — *Dessiner la* fig. 138. Cette figure représente une roue à aubes par pression.

A, est le déversoir.

B, représente la *vanne* qui se lève au moyen d'un cric simple, c'est-à-dire d'un pignon à manivelle qui engrène avec les dents d'une crémaillère.

C, est le *coursier* en arc de cercle qui doit embrasser avec le moins de jeu possible la portion de la roue qui porte les aubes en prise.

L'*arbre de couche* carré, que l'on voit au centre de la roue, transmet par des engrenages, à un appareil quelconque, la puissance qu'il a reçue par l'action de l'eau. Dans les moulins à eau, le déversoir met la roue en mouvement, et l'arbre transmet son action par des pignons et des roues dentées aux meules qui doivent broyer le grain et le réduire en farine.

On emploie trois espèces de roues hydrauliques : la *roue en dessous,* ainsi nommée, parce que l'eau vient frapper les *aubes* ou *palettes* presque au bas. La *roue en dessus,* ainsi nommée, parce que l'eau arrive au-dessus dans les *augets,* dont le poids imprime le mouvement à la roue, mais dans le sens opposé à celui de la fig. 138, et la *roue de côté,* lorsque l'eau arrive sur les *aubes* ou *palettes*, un peu au-dessous du centre de la roue, comme dans la fig. 138.

La *roue de côté* est employée principalement lorsque le cours d'eau est médiocre.

Ces trois espèces de roues produisent des effets à peu près semblables ; leur emploi dépend, et de la hauteur de la chute et de la quantité d'eau dont on dispose.

Les élèves pourront, en variant le niveau du déversoir, dessiner la *roue en dessous*. Dans la *roue en dessus,* au contraire, les palettes sont remplacées par des augets, et l'eau est conduite sur le haut de la roue par une *buse*.

En triplant les dimensions linéaires de la fig. 138, on obtiendra un dessin d'une dimension plus convenable pour l'intelligence du mécanisme.

CHAPITRE XIV.

DÉTAILS SUR DES MACHINES USUELLES.

194. — *Dessiner la* fig. 139. Cette figure et la suivante représentent deux engrenages différents de *roues d'angle,* ainsi nommées, parce qu'elles servent à transmettre le mouvement en divers plans.

Lorsqu'on n'a pas de trop grands efforts à transmettre, on

peut se servir d'une corde ou d'une courroie sans fin, que l'on fait passer sur deux poulies à axes parallèles ; une disposition semblable sert aux rémouleurs.

Mais lorsqu'on a de grands efforts à transmettre, on remplace la courroie par des dents régulièrement espacées, avec lesquelles engrènent les dents d'une autre roue.

Les dents sont placées tantôt sur le prolongement de la roue, tantôt sur le côté.

Dans la fig. 139, la grande roue est en forme de cône tronqué et placée verticalement ; son axe est horizontal. Un pignon également en forme de cône tronqué, et dans un plan horizontal, engrène avec la roue d'angle.

Cet engrenage rappelle celui de la fig. 116, mais celui de la fig. 139 est plus complet, dans une position différente, et il sera très-utile aux élèves de le copier dans des proportions linéaires triples. Nous avons eu d'ailleurs occasion de faire remarquer combien l'usage des roues d'angle et des engrenages était fréquent dans les machines.

195. — *Dessiner la* fig. 140. Cette figure représente une autre espèce d'engrenage : les dents de la roue verticale sont appliquées perpendiculairement à sa surface et engrènent avec les fuseaux verticaux de la lanterne.

Ces deux machines, différentes dans leur exécution, quoique semblables dans leur effet, habitueront les élèves à réfléchir sur la transmission du mouvement.

L'arbre de la fig. 140 a la forme d'un prisme hexagonal.

La grande roue peut être en bois et les dents en fer, tandis que dans la fig. 139, la roue d'angle et le pignon sont en fer.

On pourra tripler également les proportions linéaires de la fig. 140, et compléter le bâtis en bois dont on ne voit qu'un fragment.

196. — *Dessiner la* fig. 141. Cette figure représente une très-belle serrure que nous possédons, et dont la description fera comprendre le mécanisme.

Cette serrure est à pène demi-tour, à pène de nuit, à deux

deux pènes fourchus, à bouton avec deux entrées. Deux clefs s'y adaptent, l'une *forée* et l'autre *bénarde :* l'emploi des deux clefs est nécessaire pour faire marcher les pènes fourchus.

Voici les noms des diverses parties de la serrure :

a, étoquetcaux à patte ;
b, gorges du ressort ;
c, ressort ;
d, pènes fourchus ;
e, barbe du pène ;
f, planche à boutrolle ;
g, équerre ou gachette demi-tour.
H, pène de nuit ;
I, pène demi-tour ;
J, foliot ;
K, ressort à boudin ;
L, gardes de la clef forée ;
M, palâtre ;
N, picolet ;
O, cloison de la serrure ;
P, entrée de la clef bénarde, c'est-à-dire non forée.

Une serrure se compose d'une boîte en fer qui renferme son mécanisme, c'est ce qu'on nomme le *palâtre*. La clef bénarde, fig. 142, entre dans le *canon :* son *panneton* a des fentes de formes diverses. Pendant la révolution qu'elle fait sur elle-même, ces fentes donnent passages aux *gardes;* ce sont des parties saillantes, ménagées dans la serrure, qui empêcheraient toute autre clef de tourner.

La clef, pour ouvrir le demi-tour, soulève le bras de l'équerre *g;* l'autre bras fait marcher le pène I, qui, en rentrant, pousse le *ressort à boudin* K, et fait rentrer la branche dans le *picolet* N.

Si l'on ouvre la porte de l'autre côté au moyen du bouton fig. 144 et 145, le bouton qui correspond au *foliot* J, met ce foliot en action; il presse la branche dans le picolet N, et pousse le ressort à boudin K, qui, rendu à lui-même, force la branche à revenir à sa place et ferme le demi-tour.

Si l'on veut fermer les pènes fourchus, il faut tourner la clef bénarde dans le sens opposé; elle soulève la barbe *e* du pène, et les deux pènes fourchus *dd* sortent de la cloison O., en même temps que le panneton de la clef soulève la *barbe du pène,* et soulève aussi la *gorge du ressort b,* qui, en sortant des *encoches*, permet à la branche du pène fourchu d'avancer.

Tel est le mécanisme de cette serrure, et de toutes les autres serrures de sûreté.

Nous n'expliquerons pas comment la clef forée est indispensable pour ouvrir la serrure, c'est une complication qui ajoute à la beauté du travail, mais qu'il serait assez difficile de faire bien comprendre.

La fig. 143 représente un écrou carré et façonné qu'on voit en *r*, dans la fig. 141.

La fig. 144 représente le bouton de la serrure, vu de profil.

La fig. 145 représente le même bouton, vu de face.

L'élève qui n'aura pas compris, pourra s'adresser à un serrurier, qui lui expliquera le mécanisme sur une autre serrure.

Il suffira de doubler les proportions linéaires de cette figure.

197. — *Dessiner la* fig. 146. Cette figure représente un *trépan* ou machine à percer. Le trépan est terminé dans le bas par un foret qui s'y adapte au moyen d'une vis, et que l'on peut varier de grosseur selon les besoins.

Une traverse dans laquelle la tige ou *fût* joue librement est rattachée au sommet par deux cordes qui sont enroulées à l'extrémité supérieure du trépan. On imprime le mouvement à la traverse, et la corde, en se déroulant et en se roulant, maintient la machine dans un *va-et-vient* qui suffit pour forer très-rapidement des pièces épaisses.

Ce petit instrument, très-commode, trouve son application dans un grand nombre de professions industrielles.

Il sera nécessaire de tripler les proportions linéaires de ce dessin.

198. — *Dessiner la* fig. 147. C'est une machine à fendre les roues, vue sur le côté.

Le dessin en paraît compliqué, mais on s'en rendra compte après avoir suivi attentivement les explications que nous allons en donner.

La machine fig. 147, due à M. Japy, est destinée à fendre simultanément plusieurs roues de même diamètre, que l'on place sur un *tasseau z*, où elles sont assujetties fortement par une *contre-vis r*.

Le tasseau *z* est adapté à un *arbre horizontal b*, à l'extrémité duquel se trouve la roue *f* qui sert de *diviseur*. Un *verrou h* arrête le diviseur au point de division que l'on a choisi, pendant que tout cet équipage, placé sur un chariot AA, s'avance régulièrement sous une *fraise* U (une fraise est une lame d'acier ou un outil servant à fraiser et à élargir un trou), qui refend toutes les roues *a* à mesure qu'elles se présentent sous son tranchant.

Le chariot, mis en mouvement par la manivelle *i*, est soutenu par un plateau de fer BB garni de rebords qui servent de coulisses au chariot.

L'axe est garni d'une poulie *x* à plusieurs gorges. Cet axe est porté sur un étrier DD, que l'on peut élever ou baisser selon le diamètre des roues. Des vis EE servent à fixer l'étrier.

Toute cette machine est mise en mouvement par une grande roue à manivelle. Une corde sans fin entoure la gorge de la grande roue et passe sur une des gorges de la poulie *x*, à laquelle elle imprime un mouvement de rotation très-rapide.

Cette machine, fort simple en réalité, mais très-remarquable par la précision de ses résultats, est employée dans la belle manufacture de M. Japy, à Beaucourt, département du Haut-Rhin.

En triplant les proportions linéaires de cette figure, on pourra en faire une *épure*.

199. — *Dessiner le fusil* fig. 148. Nous avons donné les détails d'une belle arme de chasse, dont le mécanisme est tellement simple, qu'il suffira de jeter les yeux sur les fig. 148, 149, 150, 151 et 152 pour s'en faire une idée exacte.

La fig. 148 représente la *platine* du fusil garnie de toutes ses pièces; vue en dedans, elle fait comprendre comment la détente agit sur le ressort.

Dans notre dessin, le *chien* est au repos : les deux *crans* à *encliquetage* de la *noix* servent à mettre le chien au repos et à l'armer. Au-dessus de la noix se trouve sa *bride*, maintenue par trois vis.

La fig. 149 représente une partie du canon du fusil sans sa *culasse*.

La fig. 150 représente la platine du fusil vue en dehors, le chien étant toujours au repos.

La fig. 151 a pour objet de représenter une portion du fusil; on distingue le chien, la *batterie*, la *sous-garde* et la *détente*.

La fig. 152 offre deux détails.

Avec les éléments que nous indiquons, il sera facile à l'élève de dessiner le fusil tout entier en lui donnant trois décimètres de longueur; ce sera une proportion convenable pour en apprécier l'ensemble et les parties. Si l'on consulte un armurier, il se fera un plaisir d'expliquer ce qui pourrait être obscur encore dans l'esprit du dessinateur.

200. — *Dessiner la* fig. 153. Cette figure représente une charrue américaine très-ingénieusement disposée.

Tout le monde sait que la charrue divise la terre et fait revenir à la surface du sol une portion du sous-sol.

La combinaison d'une lame horizontale et d'une lame verticale, sur laquelle on incline une surface courbe, a pour objet de couper verticalement une tranche de terre plus ou moins épaisse; de couper horizontalement une tranche qu'elle sépare du sol, et enfin de retourner cette tranche et de la ramener à la superficie du champ.

A, est le *corps* et l'*age* de la charrue, d'une seule pièce en fonte;

B, sont les *mancherons* en bois, fixés par deux boulons dans des encastrures ménagées dans le corps de la charrue;

C, *coutre*, maintenu dans une mortaise à travers l'age au moyen de deux boulons et d'une contre-bride en fer;

D, *roue* en fonte de fer portée par une tige mobile, et qui tient lieu d'avant-train;

E, *bride d'attelage* qui donne la faculté de faire varier le point d'application de la force de traction dans le sens vertical et dans le sens horizontal, suivant que l'on veut plus ou moins foncer et faire des sillons plus ou moins larges;

F, *versoir* en fonte, fixé par des boulons au poitrail du corps de charrue, et tenu à son écartement sur le derrière par un crampon *a*. Les bords supérieurs et inférieurs de ce versoir présentent une courbure légèrement convexe en dehors, qui lui donne de la solidité;

G, *soc* en fonte, fixé sur le versoir par deux boulons dont les écrous sont en dessous. Le soc sera construit en fer forgé;

H, *roue* en fonte de fer, placée au talon entre le corps et le versoir; elle y est maintenue par une pièce de fer qu'on monte et qu'on descend au moyen de deux écrous. Cette pièce de fer, recourbée en équerre, porte un décrottoir *b* qui empêche la roue de se charger de terre.

On dirige la charrue par les deux manches ou mancherons; elle porte sur les deux roues de fonte D et H, ce qui la rend légère. L'expérience a prouvé que son tirage est près d'un tiers moindre qu'avec toute autre charrue, avantage immense dans les pays où les terres sont très-fortes.

Cette charrue diffère de celles qui sont ordinairement employées, en ce que le corps de la charrue et l'age sont d'une seule pièce et en fonte de fer; en ce qu'elle n'a pas de *sep* et que le soc est fixé sur la partie antérieure du versoir, auquel il fait suite; en ce que la roue placée au talon soutient le poids de la charrue et diminue son frottement contre le fond de la raie; en ce que l'autre roue placée à l'extrémité règle l'entrure de la charrue et lui sert d'avant-train.

Les élèves copieront cette figure dans des dimensions linéaires doubles.

201. — *Dessiner la* fig. 154. Cette figure représente l'élévation et la coupe verticale d'un moulin à vent.

A, indique les ailes;

B, est l'axe de rotation;

C, la roue d'engrenage qui communique le mouvement aux meules;

D, le corps du moulin;

E, l'arbre vertical sur lequel le moulin tourne;

F, l'embase du moulin;

G, le levier qui sert à mettre les ailes au vent;

H, l'escalier du moulin.

L'absence du vent et ses irrégularités rendent ce moteur assez peu commode; cependant, dans les pays où les cours d'eau manquent, on est heureux d'avoir des moulins à vent, que l'on place sur les points culminants et quelquefois à l'entrée ou à la sortie d'une gorge de montagne.

Les élèves doubleront les dimensions linéaires de ce moulin; ils pourront aussi en représenter l'élévation seulement: pour cela il faudra fermer le moulin et sa base, ce qui changera l'épure en un dessin de paysage.

202. — *Dessiner la* fig. 155. C'est un manége à couronne renversée; il s'emploie lorsqu'on a un mouvement à communiquer à une petite distance.

A, est l'arbre vertical;

bb, la crapaudine et le coussinet;

B, la couronne ou roue dentée engrenant avec une lanterne;

C, la lanterne;

D, palier d'un des tourillons de l'arbre de couche;

E, arbre de couche;

FF, la flèche;

G, Excavation dans le sol pour recevoir la couronne et la lanterne;

H, tranchée pour recevoir l'arbre de couche.

Dans le manége représenté par la fig. 155, le sol est au-dessus de la couronne: on peut, à la hauteur de A, faire un bâtis en planches pour fermer l'ouverture dans laquelle on descend pour graisser la machine et pour y faire des réparations quand elles deviennent nécessaires.

Les manéges sont mis en mouvement par différents animaux : par les chevaux principalement, par les mulets, les ânes ou les bœufs. La flèche doit avoir 6 mètres de longueur; il y a de l'inconvénient à ce que le manége soit trop petit.

Dans une dimension double, l'épure gagnera beaucoup. Si le cheval embarrassait, on pourrait le supprimer ou le copier au treillis.

On pourra varier cette figure en mettant la couronne, la lanterne et l'arbre de couche dans la partie supérieure ; alors on égaliserait le sol à la hauteur des pieds des chevaux. Au milieu se trouveraient un socle et une crapaudine pour l'arbre vertical.

203. — *Dessiner la* fig. 156. C'est une roue à augets, vue de face.

Dans cette roue les augets sont formés de feuilles de cuivre minces; ils reçoivent l'eau à la partie supérieure de la roue.

Cette disposition des augets est reconnue aujourd'hui comme la plus commode et la plus avantageuse.

La fig. 138, que nous avons donnée plus haut, représentait une roue armée de palettes; celle-ci, au contraire, représente une roue armée de vases qui se remplissent et qui impriment le mouvement par le poids de l'eau. Ces vases varient dans leur forme; on les nomme *godets, pots* ou *augets*.

Si les jeunes gens ont compris ces notions de mécanique,

ils sont capables de compléter la fig. 156, en adaptant à l'une des manivelles une *bielle* plus ou moins longue, qui mettrait en mouvement une autre manivelle attachée au centre d'une roue dentée engrenant avec une lanterne.

Il suffira de doubler les proportions linéaires de cette figure.

204. — *Dessiner la* fig. 157. C'est un balancier hydraulique.

A est le réservoir d'eau ou la rivière ;

a, *a'* sont deux vannes s'ouvrant et se fermant alternativement par le mouvement du balancier B ;

B est le balancier ;

C, C' sont des cuves rectangulaires montant et descendant chacune dans des puits D, D'.

Un des côtés de ces cuves est toujours ouvert, et comme les murs des puits dans lesquels les cuves glissent, soit en montant, soit en descendant, maintiennent l'eau, cette eau ne peut échapper que lorsque la cuve arrive en E et en E'.

Dans notre dessin, la cuve C se remplit, parce que la vanne *a* est ouverte; pendant ce temps, la cuve C' se vide et la vanne *a'* est fermée par la position même du balancier.

Cette machine ingénieuse se règle par les arcs de cercle placés aux extrémités du balancier : nous n'entrerons pas dans des détails qui nous éloigneraient trop de notre sujet.

CHAPITRE XV.

NOTIONS ÉLÉMENTAIRES SUR LES MACHINES A VAPEUR.

205. — *Dessiner la* fig. 158. C'est une machine à vapeur à cylindre horizontal. On sait que la propriété des machines à vapeur est de procurer un mouvement rectiligne alternatif,

que généralement on transforme en un mouvement circulaire continu dans les usines.

La machine dont nous donnons le dessin est de la force de quatre chevaux. Les parties actives consistent dans un *piston* contenu dans un cylindre principal, ayant des issues pour l'entrée et pour la sortie de la vapeur qui le presse par le bas et le contraint à se mouvoir d'une extrémité à l'autre. Ce piston est armé d'une *tige* qui dans sa marche communique son action par l'intermédiaire d'une *bielle,* à un *arbre à manivelle* garni d'un *volant*. On appelle bielle, une pièce qui joint une roue à un levier pour changer le mouvement de va-et-vient en un mouvement de rotation.

Le *mouvement de va-et-vient* est produit par l'introduction de la vapeur qui agit alternativement sur les bases opposées d'un piston métallique, renfermé dans le cylindre B. La vapeur est amenée dans ce cylindre B en passant de la chaudière où elle est formée, par un conduit C, puis par un orifice, dans le tuyau G appelé *cylindre distributeur*. C'est de là qu'elle se rend dans le cylindre principal B, tantôt par une extrémité, tantôt par l'autre, au moyen de certains passages qui sont ouverts ou fermés par le jeu de deux pistons montés sur une même tige et glissant dans le cylindre distributeur.

Un *excentrique* M, embrassé par une *bague m*, et placé sur l'axe de rotation J, est armé d'une *bielle n* pour transmettre son action à un double levier KK', auquel est attachée par articulation la tige commune des deux pistons qui manœuvrent dans le cylindre G, et qui, par cette disposition, acquièrent un mouvement rectiligne alternatif.

Maintenant pour transformer le mouvement de va-et-vient du piston horizontal qui marche dans le cylindre B, en mouvement circulaire continu, on adapte par articulation à l'axe de rotation J, coudé en forme de manivelle, une bielle I dont l'autre extrémité est articulée en *d* au bout de la tige *o* du piston qui manœuvre dans le grand cylindre B.

L'action de cette tige sur la manivelle varie suivant l'angle que fait celle-ci avec la bielle ; lorsque l'angle est droit, l'effort est à son maximum, tandis qu'il est nul lorsque la tige et la manivelle sont sur une même droite.

Le mouvement de rotation et celui de toute la machine cesseraient donc, mais on a placé sur son axe un *volant* K, qui, en vertu de sa vitesse acquise, fait continuer la marche de la machine.

La quantité de vapeur qui doit entrer dans le cylindre B à chaque coup de piston, est réglée par un mécanisme appelé *modérateur à force centrifuge*. Ce modérateur, à l'aide de plusieurs leviers, fait ouvrir plus ou moins une soupape *e'* (fig. 161), placée dans le tuyau C, à laquelle on a donné le nom de *soupape d'admission*. Le modérateur est composé d'un arbre vertical N (fig. 158), à l'extrémité duquel sont assemblées à charnière deux tiges SS terminées par des masses. Son mouvement de rotation lui est imprimé par des cordes qui embrassent les poulies fixées sur son axe et sur l'arbre du volant.

La fig. 158 est l'élévation latérale d'une machine à vapeur.

A, est un *bâti* en fonte, composé de deux châssis verticaux placés parallèlement, et réunis par des entretoises AA qui maintiennent leur écartement. Le tout est fixé par de forts boulons sur des pièces de bois encastrées dans une maçonnerie.

B, est le cylindre à vapeur, parfaitement poli en dedans pour que le piston, qui est ajusté à frottement doux, puisse y glisser librement dans toute sa longueur.

D, piston métallique (fig. 163) : la tige *c* est la même que celle de la fig. 162; on le retrouve également dans la fig. 158. La tête de la tige *c* est reçue par une traverse *d* (fig. 162 et 158), sur les extrémités de laquelle sont placés deux galets *e*, *e'*, allant et venant dans de longues coulisses E (fig. 158), qui leur servent de guides pour maintenir constamment cette tige dans une position horizontale. Les coulisses sont fondues avec les châssis A, et garnies intérieurement de lames de bois très-dur pour favoriser la marche des galets.

Les extrémités du cylindre B sont hermétiquement fermées par deux forts couvercles, dont l'un se voit en F.

G est le cylindre distributeur (fig. 159), contenant les pistons *g*, *g'* montés sur une même tige *k*, articulée en *i*, où elle est unie à une petite bielle qui lui transmet le mouvement alternatif qu'elle reçoit en K' (fig. 158).

Les trous verticaux *l* et *l'* (fig. 159) sont pratiqués dans des tubulures correspondantes à des ouvertures obliques, qui viennent aboutir dans l'intérieur du cylindre B (fig. 158). Les tuyaux verticaux H, H' (fig. 159), communiquent par leurs parties supérieures avec le cylindre distributeur G, et par leurs parties inférieures avec un troisième tuyau H'' par lequel s'échappe la vapeur après avoir agi sur le piston.

L'arbre I (fig. 158) porte le volant K, fondu d'une seule pièce; il peut être prolongé pour communiquer son mouvement à des machines quelconques. Cet arbre est soutenu par le support L fixé par de forts boulons.

L'excentrique M, monté sur l'arbre J en dehors du bâti, est formé d'un plateau circulaire en fonte enveloppé dans une bague *m* (fig. 165); à cette bague est attachée la bielle *n*, dont l'autre extrémité est accrochée sur le bouton *o* qui traverse le levier K. Ce dernier étant fixé ainsi que le levier K', ils s'entraînent mutuellement.

La fig. 160 représente l'ensemble du modérateur à force centrifuge; la fig. 161 en est la coupe; la fig. 164 montre l'assemblage à charnière.

Pour mettre la machine en mouvement, on soulève la bielle *n* afin de la dégager du boulon O. Le mouvement se transmet aux leviers et aux pistons distributeurs qui permettent à la vapeur d'arriver en B. Dès que le grand cylindre est purgé d'air et rempli de vapeur, on replace la bielle *n* sur l'axe O, on donne au volant une impulsion avec la main et la machine se meut d'elle-même.

Nous espérons que cette description permettra aux élèves de se faire une idée approximative de l'action de la vapeur, nous reconnaissons néanmoins que le meilleur moyen est de voir une machine fonctionner après avoir lu notre description. Les propriétaires de machines à vapeur se font un plaisir d'en expliquer le mécanisme, surtout lorsqu'ils voient que les curieux connaissent les termes techniques, et ne sont pas complétement étrangers à un mécanisme très-ingénieux, mais en même temps fort compliqué.

DICTIONNAIRE

EXPLICATIF

DES EXPRESSIONS TECHNIQUES

D'ORNEMENTATION, D'ARCHITECTURE ET DE MÉCANIQUE

SUIVI

DE PETITES NOTICES BIOGRAPHIQUES SUR LES ARCHITECTES

CITÉS DANS CET OUVRAGE.

ACCESSOIRES. On appelle accessoires les ornements de la peinture qui ne sont pas essentiels à la composition, mais qui contribuent à la beauté de l'ensemble ou qui caractérisent l'état et les habitudes des personnages que l'on représente. Ainsi, en faisant le portrait d'un homme de lettres, on met comme accessoires des volumes ou un manuscrit avec titre, etc., etc.

AFFÉTERIE se dit de l'affectation d'élégance et de grâce que l'auteur recherche dans la composition d'une figure qu'il veut rendre agréable. On voit souvent de l'afféterie dans des portraits de femme lorsque l'artiste les fait sourire d'une manière qui n'est pas naturelle.

AGENCEMENT. C'est un terme d'architecture employé pour exprimer les dispositions de certains ornements dans un ordre peu usité.

ANTIQUE. On appelle *antique* ce qui appartient aux temps anciens; mais dans les arts le mot *antique* s'applique aux ouvrages des artistes de la Grèce et de l'Italie jusqu'au temps de l'invasion des barbares, vers le VIIe siècle.

ANTIQUITÉ. Sous le point de vue artistique, on appelle *antiquité* les ruines d'édifices, les inscriptions, les meubles, les ustensiles et les restes de la civilisation d'une nation très-ancienne. On dit : *les antiquités égyptiennes, carthaginoises, gauloises, chinoises*, etc.

APOPHYSE ou *apophyge*. C'est la partie de circonférence que l'on voit au haut et au bas de la colonne, et qui adoucit pour l'œil le passage de la ligne verticale du fût aux moulures de la base et du chapiteau.

ARABESQUES. Ce sont des ornements employés dans l'architecture moresque ou arabe.

Les arabesques se composent de rinceaux, de palmes, de fruits, de fleurs, de mascarons, de rubans, de draperies, de coquilles, de coraux, de têtes humaines, de têtes d'animaux et d'un assemblage d'objets bizarres groupés avec art.

ARCADE. L'arcade diffère de la voûte en ce qu'elle n'a que l'épaisseur du mur dans lequel elle est ouverte.

Les portiques sont formés d'arcades contiguës, comme on le voit au Palais-Royal à Paris. Ces portiques ont conservé le nom de galeries.

ARCHITECTE. On nomme architecte l'artiste qui compose les plans et les dessins de l'ensemble et des parties d'un édifice, qui surveille et dirige les travaux, et qui en règle la dépense.

ARCHITECTURE. L'architecture est l'art de dessiner et de construire les édifices : c'est tout à la fois un art d'imagination et une science positive.

ARCHITECTURE CIVILE. C'est elle qui a pour objet la construction des édifices à l'usage de la vie civile.

ARCHITECTURE GOTHIQUE. L'architecture gothique est celle qui nous vient des Goths. On distingue le *gothique ancien*, dans lequel les colonnes sont trapues et sans caractère, et le *gothique moderne*, qui est un mélange de l'architecture gothique avec l'architecture romaine, qui avait déjà elle-même absorbé les autres architectures égyptienne, moresque et byzantine.

On distingue le *gothique espagnol*, qui a beaucoup emprunté au génie moresque ; le *gothique italien*, modification des architectures grecque et romaine, et le *gothique français*, qui remonte aux souvenirs rapportés des croisades.

ARCHITECTURE HYDRAULIQUE. C'est celle qui s'applique aux édifices dont les fondations sont sous l'eau ou qui servent à élever, à conduire, à retenir les eaux.

ARCHITRAVE. L'architrave est un des trois membres principaux de l'entablement.

Autrefois l'architrave était la poutre qui posait sur les colonnes et sur laquelle étaient appuyés le plafond et le toit. Aujourd'hui l'architrave est formée de longues pierres portant sur le centre de deux colonnes consécutives ; ou bien de plates-bandes disposées comme dans les voûtes, et au milieu desquelles on place un claveau ou coin de pierre qui fait la fonction de clef de voûte.

ARCHIVOLTE. C'est la moulure plus ou moins large en saillie sur la tête des voussoirs d'une arcade dont elle suit et orne le contour d'une imposte à l'autre.

ASTRAGALE. L'astragale est une moulure ronde qui forme la base du chapiteau et qui porte sur le fût de la colonne en se joignant au filet.

L'astragale, appliqué aux meubles, prend le nom de chapelet lorsqu'il est taillé en grains alternativement ronds et longs que l'on nomme patenôtres.

ATLANTE. L'atlante est une figure d'homme qui soutient sur le cou ou sur les épaules une corniche, une tribune ou un autre encorbellement.

ATTIQUE. C'est un petit ordre d'architecture qu'on emploie au-dessus d'un grand ordre ou un petit étage que l'on place au-dessus d'un grand.

L'attique, ordinairement, a les deux cinquièmes de la hauteur du plus grand ordre ou du plus grand étage.

On n'emploie pas de colonnes ni de pilastres dans l'attique.

Un des grands monuments de la rive gauche de la Seine a des pilastres dans son attique, aussi cette innovation a-t-elle rencontré plusieurs détracteurs.

BAGUETTE. C'est une petite moulure ronde que l'on emploie fréquemment dans l'architecture.

Lorsque la baguette est taillée en forme de grains ronds et ovales on l'appelle chapelet.

BASE. On appelle base la partie inférieure de la colonne ou bien la partie inférieure du piédestal.

La base se compose d'une plinthe avec des moulures qui varient selon les ordres.

BOSSAGE. C'est un ornement employé dans les colonnes d'ordre rustique; il consiste en une assise en surplomb qui forme bossage sur une assise en retraite. Quelquefois la surface des bossages est *vermiculée*. On appelle *surface vermiculée* celle qui imite la dégradation qu'éprouverait une pierre entamée par des vers qui se creuseraient une route dans tous les sens. Quelquefois la surface du bossage est taillée à pointe de diamant ou chargée de congélations.

Le mot bossage signifie saillie ou bosse : les têtes de voûte sont en bossage. On réserve des bossages dans les entablements pour tailler les gouttes, les bas-reliefs.

BRAYET. On nomme ainsi un cable fort et souple dont les deux bouts sont épissés ou réunis ensemble, et qui sert à suspendre les pierres que l'on doit élever.

CAISSON. On nomme caisson, en architecture, un renfoncement carré orné de moulures, dans lequel on place un roseau. Les caissons s'emploient dans les décorations des plafonds et des coupoles.

CALICE. Dans les fleurs, c'est l'ensemble des sépales libres ou soudées par les bords.

CANDÉLABRE. Un candélabre est un grand chandelier.

Les candélabres antiques avaient au moins deux mètres de hauteur; ils posaient à terre.

Les candélabres modernes se placent sur des tables, sur des consoles, sur des cheminées.

CANNELURES, ou CANAUX. On appelle ainsi de petites cavités que l'on entaille du haut en bas du fût d'une colonne ou de la face d'un pilastre.

On emploie les cannelures dans l'ornement et dans la décoration.

Les cannelures sont *à vive arête* lorsqu'elles ne sont pas séparées.

Les cannelures sont *à côtes* lorsqu'elles sont séparées par un listel.

CARACTÈRE. On appelle caractère, en dessin; le mode distinctif de chaque tête. On dit que les têtes de l'Apollon du Belvédère et de Laocoon sont d'un grand caractère.

Une figure triviale et commune est sans caractère.

En général, on appelle *beau caractère de dessin* des contours fermes, hardis, arrêtés qui expriment d'une manière satisfaisante la pensée de l'auteur, sans afféterie, ni manière, ni prétention.

CARIATIDES. Les cariatides sont des figures employées en architecture pour remplacer les colonnes et les pilastres.

Les cariatides étaient, chez les Grecs, des figures de femmes vêtues de la longue robe des femmes de Carie dans le Péloponnèse. On sait que la ville de Carie, s'étant déclarée pour les Perses, les femmes avaient été emmenées captives, après la destruction de leur ville, et condamnées à conserver le vêtement de leur patrie.

Dans l'architecture actuelle, les cariatides sont des figures de femmes ou d'hommes portant sur la tête des coussins ou des corbeilles.

CARTOUCHE. On appelle cartouche, en sculpture et en gravure, un ornement servant de cadre ou de champ à une devise, à une inscription ou à une figure. Le mot *cartouche* dérive de carte; sa forme doit donc rappeler un livre, un papier roulé ou à demi roulé.

CHANFREIN. On nomme ainsi la petite surface que l'on forme en abattant l'arête d'une pierre ou d'une pièce de bois. On dit alors que la pierre et la pièce de bois sont chanfreinées.

CHAPITEAU. Le chapiteau est la partie supérieure, en quelque sorte le chapeau de la colonne.

Chaque ordre d'architecture a son chapiteau particulier.

CHÈVRE. C'est une machine composée de deux pièces de bois ou bras assemblés en triangle au moyen d'une entretoise. Au sommet se trouve une poulie, et dans le bas un treuil que l'on fait tourner avec des leviers ou avec des roues dentées. La chèvre sert dans les constructions de maison pour élever les pierres de taille. On l'emploie pour soulever des fardeaux.

CHIMÈRE. La Chimère est une création fabuleuse empruntée aux Égyptiens. C'est une figure de femme terminée par un corps de lion : ses épaules sont garnies de deux ailes.

COLONNE. C'est un pilier rond composé de trois parties : du fût ou corps du pilier, de la base et du chapiteau.

La colonne *solitaire* est celle qui n'a pas d'entablement et qui ne fait pas partie d'un ordre d'architecture.

Au palais du Luxembourg on a placé dans le jardin deux colonnes solitaires.

On met quelquefois sur des tombeaux une colonne *funéraire* destinée à porter une urne.

La colonne *triomphale* est élevée en l'honneur d'un prince, ou d'un héros, ou d'un grand événement, comme la colonne Trajane, la colonne Antonine, la colonne Napoléon à Boulogne, la colonne de la place Vendôme, la colonne de la place de la Bastille.

CONSOLE. C'est un ornement qui figure assez bien une *S* renversée. Elle est terminée à ses deux extrémités par deux enroulements en sens contraire.

CONTRASTE. On appelle contraste le rapprochement de deux objets opposés, c'est un des principes du beau dans les arts.

L'architecture repousse les contrastes.

COPIE PAR TREILLIS. Cette copie consiste à diviser un dessin donné en un certain nombre de carrés, au moyen d'horizontales et de verticales.

On trace sur un papier le même nombre de carrés plus grands ou plus petits, et il ne s'agit que de copier dans chaque carré ce que l'on trouve dans le carré correspondant du dessin.

CORNICHE. La corniche est l'une des trois parties de l'entablement.

Elle se compose de plusieurs moulures.

Le piédestal a aussi une corniche qui le couronne.

La corniche d'un fronton triangulaire s'appelle corniche *rampante*.

La corniche d'un fronton circulaire s'appelle corniche *cintrée*.

La corniche d'appartement se place immédiatement au-dessous du plafond auquel elle sert de support.

COROLLE. Dans les fleurs, c'est l'ensemble des pétales libres ou soudés entre eux.

COTES. On appelle cotes, dans un plan, dans une élévation ou dans une coupe, les indications de grandeur des diverses parties du dessin.

CRAPAUDINE. On appelle crapaudine un cube de fer ou de bronze creusé pour recevoir l'arbre d'une machine ou le pivot d'une porte.

CRIC. Le cric est une machine employée pour soulever des blocs de pierres considérables, des voitures. Cette machine est composée d'une ou de deux roues dentées qui engrènent avec une crémaillère terminée dans la partie supérieure par un croissant mobile et dans la partie inférieure par un crochet à angle droit qui sert à soulever les objets quand il n'y a pas assez d'espace pour appliquer le croissant de la crémaillère sur l'obstacle.

CUL-DE-LAMPE. On appelle cul-de-lampe, en architecture, une espèce d'encorbellement en forme de pyramide renversée qui ne *monte pas de fond*, c'est-à-dire qui ne repose pas sur le sol. Il sert à supporter un vase, une statue, un candélabre, une pendule.

Le nom de cul-de-lampe vient de la ressemblance de cette forme avec celle d'un lampadaire suspendu.

CULOT. Le culot est un ornement tiré du chapiteau corinthien, il sert de support aux rinceaux, aux palmettes et aux fleurons.

DAMASQUINURE. On appelle damasquinure l'incrustation de filets ou de feuilles d'or dans les ciselures d'un ouvrage en fer.

DÉ. Le dé est un cube de pierre servant spécialement dans les piédestaux; il occupe l'espace compris entre la corniche et la base.

Quelquefois le dé cubique sert seul de soutien à un vase, à un buste dans un jardin.

Le dé, qui soutient les poteaux d'un hangar a le plus souvent la forme d'une pyramide quadrangulaire tronquée.

DÉCOR. Le mot décor s'applique aux peintures et aux sculptures qui font partie de la décoration intérieure des appartements.

DÉCORATION. C'est l'ensemble des ornements d'un édifice ou d'un appartement. Ce mot comprend les rideaux, les papiers de tenture, les pendentifs, les rosaces des plafonds, etc., etc.

ÉCHINE. C'est une moulure du chapiteau de l'ordre ionique et surtout de l'ordre dorique grec ou de Pæstum. Elle a une grâce toute particulière dans le dorique grec où elle a la forme du culot d'une coupe ou d'une patère.

ÉCUSSON. L'écusson est un ornement destiné, comme le caisson, à recevoir des devises et des inscriptions; il ressemble aux anciens écus ou boucliers de chevaliers.

ENCORBELLEMENT. On appelle encorbellement une construction en saillie qui ne monte pas de fond.

Telles sont les tourelles des anciens châteaux.

Les balcons des maisons sont des encorbellements.

ENROULEMENT. On appelle enroulement un ornement en ligne spirale ou une suite d'ornements en forme de rinceaux qui s'insèrent les uns dans les autres par diverses circonvolutions.

Les enroulements se placent dans les frises : on en a trop abusé dans le XVIIIe siècle.

ENTABLEMENT. L'entablement est la partie supérieure d'un ordre d'architecture; il a pour objet de lier entre elles les colonnes d'un portique.

Il se compose de trois parties : de l'architrave, de la frise et de la corniche.

ENTRE-COLONNEMENT. C'est l'intervalle entre deux colonnes. Les entre-colonnements doivent être égaux; cependant on fait quelquefois exception à ce principe pour l'entre-colonnement du milieu qui correspond à la porte de l'édifice.

L'architecture reconnaît trois entre-colonnements : le *pycnostyle*, le *systyle* et l'*enstyle*.

Le *pycnostyle* est l'écartement de trois modules, tel est l'entre-colonnement de l'ordre dorique.

Le *systyle* est l'écartement de quatre modules.

L'*enstyle* est l'écartement de cinq modules.

On a employé quelquefois le *diastyle* ou entre-colonnement de six modules comme on le voit dans les hôtels de la place Louis XV, à Paris.

ENTRETOISE. On appelle entretoise toute pièce de bois dans un ouvrage de charpente ou de menuiserie, ou toute pièce de fer, dans un ouvrage de serrurerie, posée en travers des autres pièces pour les lier ensemble.

FEUILLES. Les feuilles sont très-employées dans l'architecture : la plus employée est la feuille d'acanthe et la feuille d'acanthe modifiée; souvent, en architecture, les rinceaux sont désignés par l'appellation générale de feuilles.

FEUILLES REFENDUES. Les feuilles refendues, employées dans l'architecture et dans l'ornement, sont : la feuille d'acanthe, la feuille de persil et la feuille de vigne.

FIGURE SYMÉTRIQUE. On appelle figure symétrique celle qui, au moyen d'une ligne droite, est divisée en deux parties qui peuvent se recouvrir exactement.

FILET. Le filet est une petite moulure carrée qui sert de couronnement à une plus large.

FLEURS. Les fleurs appartiennent à l'ornement : quelques-unes seulement sont employées.

Les fleurs sont *en épi* lorsqu'elles naissent le long d'un axe central.

Les fleurs sont *en grappe* comme dans l'hortensia.

Les fleurs sont *en thyrse* comme dans la fleur de lilas.

FLEURON. Le fleuron est un ornement qui procède de la fleur et qui surmonte le bandeau d'une couronne.

Le fleuron fait partie des encadrements et des frises.

Le fleuron est ordinairement détaché et supporté par un culot.

FRISE. La frise est une des trois parties de l'entablement dans les ordres d'architecture.

On appelle également frise, et par analogie, les plates-bandes qui servent à décorer les bâtiments, les meubles, les socles des vases, des lampes, les chambranles des portes et des cheminées, les balcons, les bordures de papiers peints.

FRONTON. On appelle fronton l'ornement qui s'adapte à la partie triangulaire du mur de pignon comprise dans l'angle formé par les deux côtés d'un toit. L'espace compris dans le triangle s'appelle le *tympan du fronton.*

Le sommet du fronton est un angle de 150 degrés.

FUT. Un fût de colonne est la partie comprise entre la base et le chapiteau.

La longueur du fût varie selon les ordres d'architecture.

GAINE. La gaîne est la partie inférieure d'un terme. Elle repose sur un dé où elle sort immédiatement de terre. Quelquefois même l'extrémité inférieure de la gaîne donne naissance à des bouts de pieds.

GALBE. On appelle galbe la courbe, le contour, la forme d'un objet.

Ce mot s'emploie toujours en bonne part et comporte une idée gracieuse.

GIRANDOLE. Une girandole est un assemblage de branches de chandeliers.

Le mot girandole vient de *girande* qui signifie amas de jets d'eau ou de fusées tournantes.

GODRONS. C'est un ornement sculpté ordinairement sur le culot d'un vase; il a la forme d'un ove très-allongé diminuant insensiblement et prenant la courbure de la surface sur laquelle on l'a appliqué.

Les godrons servent évidemment à fortifier les parties faibles ou celles qui pourraient offrir le moins de rétistance.

GORGERIN. C'est une petite moulure plate du chapiteau toscan et du chapiteau dorique. Cette moulure est placée au-dessus de l'astragale.

GOUSSE. On appelle ainsi une guirlande de fleurs employée dans le chapiteau de l'*ordre ionique français*, et attachée aux deux volutes.

GOUTTES. C'est un ornement de sculpture que l'on place au-dessous de la tringle qui termine les triglyphes dans l'ordre dorique.

Les premières ont la forme de petits cônes; celles du milieu ont la forme de petites pyramides.

GRIFFON. Le griffon est un animal fabuleux appartenant à la mythologie grecque. On le représente avec une tête d'aigle, des oreilles de cheval, une barbe de lion, etc., etc.

GRANDIOSE. Apparence de grandeur donnée à un tout pour l'effet des parties. Dans l'architecture, la sculpture et la peinture, le grandiose est admis comme principe du beau.

IMPOSTE. C'est l'assise qui couronne le pied droit, et dont les moulures se rapportent à l'ordre d'architecture auquel appartient l'arcade.

INCRUSTATION. On appelle incrustation les ornements en marbre, en écaille, en ivoire, en pierres précieuses dont on remplit les entailles faites dans une boiserie.

LAMBREQUINS. On appelle lambrequins des ornements qui dans l'armure des chevaliers pendaient du casque autour de l'écu.

On découpe les bordures d'étoffes des tapissières, d'appartements ou des tentes en forme de lambrequins.

LAMPADAIRE. C'est une espèce de lustre en bronze à plusieurs becs de lampe.

Dans les lampadaires nouveaux, les becs de lampe sont remplacés par des bobèches garnies de bougies.

LANGUES DE SERPENT. Dans les corniches décorées d'oves, on voit entre les oves des petits ornements appelés vulgairement *fers de lance;* c'est une dénomination ridicule et insignifiante.

Les oves sont séparés par des langues de serpent : on sait que, dans les mystères grecs, le serpent qui sort de l'œuf était un emblème mystique.

LANTERNE. La lanterne, en mécanique, est une sorte de roue d'engrenage, composée de deux plateaux circulaires réunis, près de leur circonférence, par des chevilles cylindriques appelées *fuseaux.*

LARMIER. C'est une moulure carrée, saillante et pendante de la partie supérieure de la corniche.

Le dessous du larmier est creusé en forme de petit canal, afin que les eaux pluviales, qui couleraient sans cela le long des moulures de l'entablement et des colonnes, soient arrêtées et forcées de tomber en gouttes à quelque distance de l'édifice.

LISTEL. On appelle listel une moulure carrée et unie qui accompagne une autre moulure plus grande.

On appelle encore listel la moulure plate et unie qui sépare les cannelures des colonnes.

LUSTRE. Le lustre est un chandelier à plusieurs branches que l'on suspend au plafond : il est ordinairement à jour et orné de cristaux à facettes.

MACHINES. Les machines sont des instruments ou appareils de construction propres à transmettre l'action des forces.

MARQUETERIE. On appelle marqueterie des ornements de bois précieux de diverses couleur ou des filets de cuivre, d'étain ou d'ivoire que l'on applique à la surface du bois de palissandre, du bois d'acajou, du bois de colliatour, du bois de courbari, du bois de houx.

Il ne faut pas confondre l'incrustation et la damasquinure avec la marqueterie.

MASCARON. On appelle mascaron, en sculpture et en architecture, un ornement en forme de masque que l'on place à l'orifice des fontaines ou dans les arcades ou sur les portes cochères.

En peinture et en ornement les mascarons sont ou du style noble ou du style grotesque.

Ils représentent des têtes de Gorgone, de Satyres, de Faunes, où ils expriment les diverses passions.

MASQUE. En peinture et en ornementation, le mot masque est pris le plus ordinairement pour *mascaron.*

MÉCANIQUE. C'est la science qui a pour objet de déterminer l'effet que produit sur un corps l'application d'une ou de plusieurs forces.

MÉTOPE. La métope est l'intervalle entre les triglyphes dans l'ordre dorique.

Dans l'architecture primitive, la métope était l'espace vide entre les solives du plancher; on y suspendait les têtes des victimes qui s'y desséchaient dans un courant d'air très-vif.

C'est de là qu'est venu l'usage d'orner les métopes de têtes de victimes, de trépieds, de patères, de boucliers, de vases sacrés.

MODILLON. C'est une console qui orne et soutient le dessous du larmier de la corniche. Il est employé dans la corniche de l'ordre corinthien.

MODULE. Le module est une mesure arbitraire qui sert de terme de comparaison entre toutes les parties d'un ordre d'architecture.

Le diamètre de la colonne prise à sa plus grande largeur, sert quelquefois de module.

Nous avons pris le demi-diamètre de la colonne pour module dans tous les ordres.

Le module se divise en trente parties égales.

NERVURES. Les nervures sont les lignes que l'on voit sur la surface des feuilles.

Les nervures sont rameuses lorsqu'elles sont en forme de réseau.

Les nervures sont palmées lorsqu'elles divergent comme les doigts de la main ouverte.

Les nervures sont pennées lorsqu'elles sont placées comme les barbes d'une plume.

ORDRES D'ARCHITECTURE. Selon Vitruve, architecte de Jules César et d'Auguste, il y a cinq ordres d'architecture : 1° le toscan; 2° le dorique; 3° l'ionique; 4° le corinthien; 5° le composite.

Nous avons distingué dans cet ouvrage sept ordres d'architecture : 1° le toscan; 2° le dorique; 3° l'ionique; 4° le corinthien; 5° le composite; 6° le rustique; 7° le Pæstum ou dorique grec.

ORNEMENT. On nomme ornement tout objet accessoire propre à ajouter de l'agrément à un ouvrage.

OVES. Moulures dont le profil présente un quart de rond. Les oves sont ainsi nommés parce qu'ils ressemblent par la forme à un œuf.

Quand les oves sont très-petits on les nomme *ovicules.*

PAS DE VIS. On appelle pas de vis en mécanique la distance qui se trouve entre deux filets consécutifs, dans le sens de l'axe.

PIÉDESTAL. On appelle piédestal un massif de construction servant de soubassement à une statue ou à une colonne.

Le piédestal se distingue des soubassements par une base avec plinthe et moulure, et par une corniche. La partie intermédiaire entre la base et la corniche se nomme *dé du piédestal.*

Les piédestaux sont carrés, ou ronds, ou ovales.

PIÉDOUCHE. On appelle piédouche un piédestal d'une forme fantasque orné de moulures servant de support à une petite figure, à un vase.

Le piédouche est ordinairement adhérent à l'objet qu'il supporte.

PIED DROIT ou **JAMBAGE.** C'est le pilier carré qui sert à supporter une arcade. Le pied droit s'élève de fond jusqu'à l'imposte.

Quand l'arcade est très-simple, elle porte immédiatement sur le pied droit sans imposte ni archivolte.

PILASTRE. C'est une espèce de colonne carrée qui a les mêmes proportions, la même base, le même chapiteau et le même entablement que la colonne de l'ordre auquel il se rapporte.

Le pilastre s'emploie toujours engagé dans un mur sur lequel il fait saillie du sixième de son épaisseur.

On voit, dans le jardin du Palais-Royal, à Paris, un exemple de beaux pilastres engagés.

PISTIL, ÉTAMINES. Ce sont les organes sexuels des fleurs.

PISTOLET. On nomme pistolet, en dessin, un instrument très-commode dans la pratique, et qui fournit sur ses contours les diverses portions de courbes que l'on peut rencontrer dans les modèles.

PLATE-BANDE. C'est une moulure plate et carrée qui couronne les les triglyphes dans l'ordre dorique.

On appelle plates-bandes, dans les jardins, des carrés ou des rectangles séparés des allées par des bordures.

PUITS ARTÉSIEN. Le mot artésien indique que ces sortes de puits ont été ainsi appelés de la province d'Artois, où ils sont fort répandus. Ces puits diffèrent essentiellement des autres en ce que l'eau jaillit de terre au lieu de se rencontrer à une certaine profondeur.

RAIS DE CŒUR. Le rais de cœur est un ornement très-employé dans les frises; il est ainsi nommé parce qu'il ressemble pour la forme à un cœur évidé.

RENAISSANCE. On appelle renaissance, ou style de la renaissance, la fusion de notre gothique français avec les beaux modèles grecs et les formes pittoresques de l'architecture moresque.

L'époque de la renaissance se rapporte aux règnes de Laurent le Magnifique, de Jean de Médicis, de Léon X, de Cosme de Médicis et de François Ier.

RINCEAU. Ce mot, que l'on écrivait autrefois *rainceau*, vient de *rameau*. C'est une branche avec ses feuilles.

Le rinceau sort ordinairement d'un culot; il s'élargit, se roule en volutes, et donne naissance à d'autres rinceaux ou à des tiges chargées de fruits et de graines.

ROUE D'ANGLE. On appelle roues d'angles des roues métalliques dont la forme est celle d'un cône tronqué, et qui engrènent avec des pignons de même forme.

ROUE HYDRAULIQUE. On appelle roue hydraulique une roue qui reçoit son impulsion d'une eau courante dont on utilise la chute au profit d'un moulin ou d'une usine.

On distingue trois espèces de roues hydrauliques : 1° la *roue en dessous*, ainsi nommée parce que l'eau vient frapper presqu'au bas de la roue les aubes ou palettes pour leur imprimer le mouvement; 2° les *roues en dessus*, ainsi nommées parce que l'eau arrive au-dessus de la roue dans des augets; 3° les *roues de côté*, ainsi nommés lorsque l'eau arrive sur les aubes ou palettes un peu au-dessous du centre de la roue.

RUDENTURE. C'est une moulure en forme de bâton ou de cordage uni ou sculpté dont on remplit le tiers des cannelures des colonnes, à partir de la base.

SCABELLON. Sorte de piédestal assez élevé pour servir de support à à un vase, à une pendule, à un buste, à une girandole.

Le scabellon est fait souvent comme une gaîne ou comme un balustre.

SCOTIE. C'est une moulure à deux centres, ronde et creuse, bordée de deux filets plats et que l'on trouve entre les tores dans la base de l'ordre corinthien.

SENTIMENT. Le sentiment est la perception complète des formes extérieures et de la beauté, traduite par une délicatesse de touche qui impressionne les spectateurs sans qu'ils puissent s'en rendre compte. C'est dans ce sens que l'on dit : *Voilà un jeune homme qui dessine avec sentiment; ce peintre a le sentiment du beau.*

SOCLE. Le socle est un support carré, rond ou ovale, mais plus large que haut, sur lequel reposent les piédestaux, les pendules, les vases, etc., etc.

STRIURES. On appelle striures les cannelures séparées par un listel.

STYLE DE L'EMPIRE. On appelle style de l'Empire le retour à l'antique, mais avec les modifications du genre de l'époque.

On lui reproche d'être guindé et de manquer de grâce.

C'est notre grand peintre David qui fut le provocateur de la réforme des lignes courbes.

STYLE LARGE. On appelle style large, dans le dessin, une ordonnance simple, exempte de détails trop multipliés, ainsi qu'un travail facile exécuté sans efforts ni recherche.

On dit : c'est un *faire large*, c'est un *crayon large*.

STYLE POMPADOUR. C'est le style adopté sous Louis XIV dans les meubles et la décoration des appartements. Ce genre ne manquait ni de grâce ni de facilité ; mais on peut lui reprocher le clinquant et le papillotage.

STYLE MODERNE. C'est un genre d'architecture, de sculpture ou de peinture éxécuté depuis peu d'années par opposition au style antique ou au style de la renaissance.

SUPPORT. On appelle support, en architecture, toute partie de construction servant à supporter quelque chose. Les colonnes, les piliers, les consoles sont des supports.

SYLVAINS. Sous cette dénomination générale la mythologie comprenant les *Satyres*, les *Faunes*, les *Silènes* et les *Pans* que l'on confond souvent.

TAILLOIR. On appelle tailloir ou *abaque* la petite table qui forme la partie supérieure du chapiteau de la colonne.

Le tailloir est carré dans l'ordre toscan et dans l'ordre dorique.

Il est coupé à ses quatre angles et creusé sur ses faces dans l'ordre corinthien, dans l'ordre composite et dans l'ordre ionique français.

TALON. C'est une moulure dont le profil représente dans la partie supérieure une courbe convexe, et dans la partie inférieure une courbe concave.

Dans les cinq premiers ordres d'architecture on emploie des talons dans l'entablement.

TAMBOUR, VASE, CLOCHE ou **PANIER.** On donne l'un de ces noms à la masse du chapiteau corinthien.

On appelle aussi tambour une enceinte de planches ou de lambris disposés devant une porte pour empêcher le contact de l'air.

TERME. Les termes sont des figures humaines, mais qui appartiennent le plus ordinairement à la mythologie telles que les Amours, les Nymphes, les Pans, les Faunes, les Sylvains.

Les termes se terminent en gaînes.

TÊTE DE GÉNISSE. Dans l'architecture primitive, la métope était l'ouverture carrée que laissaient entre elles les solives du plancher placé au-dessus des colonnes.

On suspendait dans ces ouvertures, où régnait un vif courant d'air, les têtes des victimes que l'on avait sacrifiées aux dieux. Telle est l'origine des têtes de génisse ou des squelettes de têtes de génisse qui ornent souvent les frises dans l'ordre dorique.

TIGETTE. On appelle tigettes dans le chapiteau corinthien ces tiges ou cornets cannelés d'où sortent les volutes et les hélices.

TRÉPAN. On appelle trépan une petite machine simple et ingénieuse servant à forer.

TRIGLYPHES. On appelle triglyphe un ornement dans la frise de l'ordre dorique. Cet ornement représente l'extrémité des solives placées entre l'architrave et la corniche; il figure les entailles faites à la hache, à l'extrémité de la solive.

Le trigyphe est composé de deux petits canaux en anglet et de deux anglets équivalant à un troisième canal ou *glyphe.*

Le mot triglyphe signifie trois glyphes.

Le triglyphe doit être à plomb sur chaque colonne.

Dans l'ordre dorique grec l'entre-colonnement donnait lieu à placer un triglyphe et deux métopes.

TRINGLE. On appelle tringle la petite moulure plate qui termine le triglyphe à sa partie inférieure où pendent les gouttes.

TRUMEAU. C'est une partie de mur de face comprise entre deux baies de porte ou entre deux croisées.

On appelle aussi trumeau le parquet de glaces dont on coupe les entre-deux de portes ou de croisées.

VASE DE MÉDICIS. Après bien des recherches, nous avons constaté que le vase de Médicis était un vase grec dont la forme plut aux Médicis, qui en firent un grand usage dans la décoration de leurs palais et de leurs jardins.

VASES ÉTRUSQUES. C'est à tort que l'on appelle vases étrusques des vases *grecs.* L'origine de cette appellation remonte aux premiers savants qui ont donné la description des vases grecs et qui les ont considérés mal à propos comme des monuments de l'art étrusque.

Les Grecs et les Romains ont déployé une grande magnificence dans la fabrication des vases en terre cuite.

VIS D'ARCHIMÈDE. On appelle vis d'Archimède une machine très-employée pour épuiser l'eau dans des fondations ou dans des travaux de terrassements. L'intérieur de la vis est composée de petites planchettes imbriquées et inclinées en hélice formant une vis semblable aux filets des vis métalliques. Sa surface est en planches, couverte d'un enduit goudronné.

VOLUTE. C'est un enroulement en spirale que l'on suppose imité de l'écorce roulée du bouleau.

La volute appartient au chapiteau de l'ordre ionique.
La volute s'applique au décor et à l'ornement.

VOUSSOIR. On appelle voussoirs les pierres taillées qui concourent à former le cintre d'une voûte.

MANSART. François Mansart naquit à Paris, en 1598, d'une famille originaire d'Italie. Il mourut en 1666. Il a restauré le château de Blois. La reine Anne d'Autriche lui confia l'érection du Val-de-Grâce. Il est l'inventeur des combles dits *combles à la Mansart* ou *mansardes*.

MANSART. Jules Hardouin, dit MANSART, était neveu de François Mansart dont il eut les leçons et dont il voulut porter le nom pour lui témoigner sa reconnaissance. Ayant eu le bonheur de plaire à Louis XIV autant par ses talents que par la vivacité de son esprit, il fut chargé des travaux les plus considérables. Il éleva les châteaux de Marly et du grand Trianon; il fit à Paris la place Vendôme et la place des Victoires; mais ce qui a rendu son nom glorieux, c'est la construction du palais de Versailles et de l'hôtel des Invalides. Il mourut avec une immense fortune en 1708.

PERRAULT. Claude Perrault, né à Paris en 1613, mort en 1688, fut d'abord médecin, puis architecte.

C'est lui qui a fourni les dessins et le plan du Louvre et de la magnifique colonnade qui a rendu son nom à jamais célèbre. On lui doit encore l'Observatoire de Paris.

C'est son frère Charles Perrault qui est l'auteur des *Contes des Fées*.

PHILIBERT DELORME. Philibert Delorme, célèbre architecte français, naquit à Lyon vers le commencement du XVIe siècle, et mourut à Paris en 1577.

Il étudia les principes de son art en Italie, et revint en France, où il fut présenté à Henri II par le cardinal du Bellay. Bientôt il fit les plans du château d'Anet et du château de Meudon. Sous Catherine de Médicis, il fit le plan du palais des Tuileries, dont il fut nommé gouverneur.

Il a laissé un traité intitulé : *Nouvelles inventions pour bien bâtir et à petits frais*. Paris, 1561.

VIGNOLE. Vignole est un architecte né à Vignola, et dont le nom est JACQUES BAROZZIO. Il naquit en 1507 et mourut en 1573; il étudia longtemps à Rome, séjourna deux ans en France, et revint en Italie, où il construisit plusieurs édifices remarquables. C'est à lui qu'on s'adressa pour avoir les plans du palais de l'Escurial. C'est à Vignole que l'on doit les véritables règles de l'architecture.

Il a publié un *Traité de perspective* et un *Traité des cinq ordres*. MM. Lebas et Debret ont donné une édition des œuvres de Vignole, à Paris, 1815 et années suivantes.

VITRUVE. Vitruve est un architecte romain qui vivait sous Auguste. On a de lui un traité sur l'architecture en dix livres, dédié à Auguste. Cet ouvrage est très-précieux parce qu'il nous fait connaître l'état de l'architecture chez les Romains. On reproche à Vitruve un peu d'obscurité et de sécheresse.

Les meilleures éditions de Vitruve sont celles de Rode, à Berlin, 1801 et 1802, 2 volumes in-4°; et de Schneider, à Leipsick, 1808, 2 volumes in-8°.

TABLE DES MATIÈRES.

Pages.

AMEUBLEMENT.

VASES ET BRONZES.

CHAPITRE VII. — VASES GRECS.

CHAPITRE VIII. — VASES TIRÉS DE LA RENAISSANCE.

CHAPITRE IX. — BRONZES RICHES MODERNES.

ARCHITECTURE.

CHAPITRE X. — LES SEPT ORDRES D'ARCHITECTURE. Pages.

CHAPITRE XI. — DÉTAILS SUR LES ORDRES D'ARCHITECTURE.

FIN.

www.ingramcontent.com/pod-product-compliance
Lightning Source LLC
Chambersburg PA
CBHW050125210326
41519CB00015BA/4106

* 9 7 8 2 0 1 2 5 3 4 2 7 8 *